I Gusti Bagus Rai Utama
I Wayan Ruspendi Junaedi
Ni Putu Dyah Krismawintari

Participação da comunidade local na gestão do ecoturismo em Bali

I Gusti Bagus Rai Utama
I Wayan Ruspendi Junaedi
Ni Putu Dyah Krismawintari

Participação da comunidade local na gestão do ecoturismo em Bali

ScienciaScripts

Imprint

Any brand names and product names mentioned in this book are subject to trademark, brand or patent protection and are trademarks or registered trademarks of their respective holders. The use of brand names, product names, common names, trade names, product descriptions etc. even without a particular marking in this work is in no way to be construed to mean that such names may be regarded as unrestricted in respect of trademark and brand protection legislation and could thus be used by anyone.

Cover image: www.ingimage.com

This book is a translation from the original published under ISBN 978-620-7-47611-4.

Publisher:
Sciencia Scripts
is a trademark of
Dodo Books Indian Ocean Ltd. and OmniScriptum S.R.L publishing group

120 High Road, East Finchley, London, N2 9ED, United Kingdom
Str. Armeneasca 28/1, office 1, Chisinau MD-2012, Republic of Moldova, Europe
Printed at: see last page
ISBN: 978-620-8-29689-6

Participação da comunidade local na gestão do ecoturismo em Bali

I Gusti Bagus Rai Utama
I Wayan Ruspendi Junaedi
Ni Putu Dyah Krismawintari

PREFÁCIO

No caso da Indonésia, a maior parte das atracções turísticas oferecidas e publicitadas são parques nacionais ou florestas protegidas. Estas florestas são protegidas para fins de preservação e não de publicidade para atrair um grande número de visitantes. Muitas vezes, existe um desfasamento entre o ideal e a realidade.

Acredita-se que uma boa gestão do ecoturismo medeia os dois interesses. Este estudo tem por objetivo determinar a gestão dos destinos de ecoturismo para a criação de pequenas empresas locais relacionadas com cinco destinos de ecoturismo, nomeadamente o Parque Nacional de Bali Ocidental, a zona do Lago Buyan, o Museu do Geoparque Batur, o mangal de Denpasar Bali e o mangal de Lembongan.

Esta investigação inclui inquéritos, observação direta, entrevistas, revisão da literatura e análise da literatura. Os dados foram recolhidos através de inquéritos e observações em destinos de ecoturismo em Bali. Ao proporcionar oportunidades de gestão, o rendimento da comunidade pode ser aumentado através da criação de pequenas empresas relacionadas com o potencial do ecoturismo, aumentando assim os incentivos à participação na gestão do ecoturismo.

Neste caso, o governo pode conceder licenças de gestão limitadas às comunidades locais através de regulamentos claros, de modo a que as florestas geridas como projectos de ecoturismo se mantenham sustentáveis. Se houver uma oportunidade de participar na gestão do ecoturismo, o entusiasmo da comunidade pelo ecoturismo aumentará e, por esta razão, é necessário melhorar as competências de gestão do ecoturismo.

Se estiverem motivadas, se lhes for dada a oportunidade e se puderem participar, poderão criar pequenas oportunidades de negócio relacionadas com projectos de ecoturismo. De facto, existem programas que podem ser implementados para reforçar o papel da comunidade local nas iniciativas de ecoturismo. O primeiro projeto consiste em aumentar o papel dos líderes e as oportunidades de negócio, o segundo projeto consiste em aumentar a mentalidade e a cooperação industrial, o terceiro projeto consiste em aumentar o rendimento, a socialização e o empenho, o quarto projeto consiste em aumentar a sensibilização para a proteção da natureza, e o quinto projeto consiste em aumentar o papel dos líderes e as oportunidades de negócio, aumentar o otimismo para adquirir conhecimentos, o sexto programa consiste em aumentar as instalações e a independência, o sétimo programa consiste em aumentar a formação, o interesse e a participação, e o oitavo programa consiste em aumentar as competências e os fundos.

Bali, março de 2024
Autor,

I Gusti Bagus Rai Utama, I Wayan Ruspendi Junaedi, Ni Putu Dyah Krismawintari

ÍNDICE DE CONTEÚDOS

QUESTÕES RELACIONADAS COM OS DANOS FLORESTAIS

Ilustração da exploração florestal

A desflorestação em Bali é um problema grave e significativo. A ilha registou um aumento significativo da desflorestação nos últimos anos, principalmente devido à urbanização, à limpeza de terrenos agrícolas, à conversão de florestas em plantações e ao turismo insustentável.

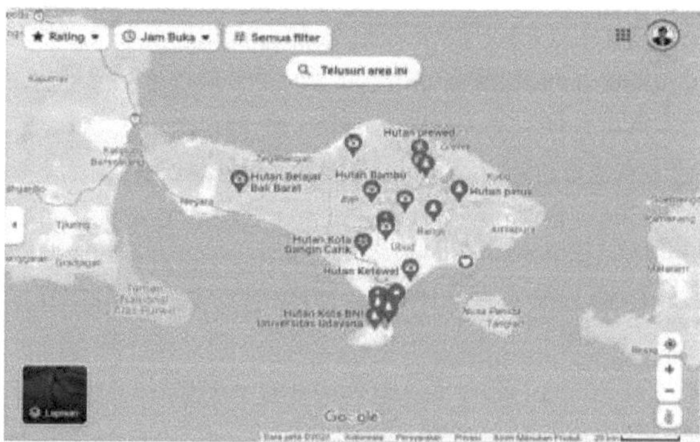

Fonte: https://www.google.com/maps/search/Hutan+di+Bali/@-8.4365429,114.4440441,9z?entry=ttu

O abate de árvores em Bali tem tido um impacto negativo no ambiente e na vida das pessoas. Um dos impactos é a perda do habitat natural de várias espécies vegetais e animais, o que conduz a uma redução da biodiversidade. O aquecimento global, as inundações e os deslizamentos de terras são também cada vez mais frequentes devido à perda de cobertura vegetal e à perda da função da floresta como sumidouro de água. [1]. O abate de árvores em Bali tem tido um impacto negativo no ambiente e na vida das pessoas. Um dos impactos é a perda do habitat natural de várias espécies vegetais e animais, o que conduz a uma redução da biodiversidade. O aquecimento global, as inundações e os desabamentos de terras são também cada vez mais frequentes devido à perda do coberto vegetal e à perda da função da floresta como sumidouro de água. [2], [3], [4].

CONDIÇÃO DO ECOTURISMO

Imagem de ilustração de floresta de conservação

A situação atual do desenvolvimento do ecoturismo depende muito de países e regiões específicos.

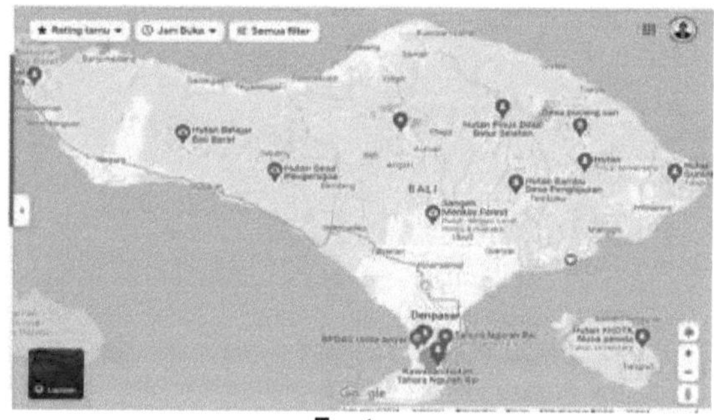

Fonte:
https://www.google.com/maps/search/Huntan+Lindung+di+Bali/@-8.4578499,114.7517724,10z?entry=ttu

Mas, em geral, o desenvolvimento atual do ecoturismo apresenta as seguintes tendências:

1) Procura crescente: A procura de ecoturismo continua a aumentar à medida que cada vez mais turistas procuram experiências de férias responsáveis do ponto de vista ambiental e social [5].
2) Manutenção do ambiente: O desenvolvimento do ecoturismo está cada vez mais preocupado com a proteção e a manutenção do ambiente natural. Procura-se limitar os impactos negativos nos ecossistemas e na flora e fauna locais [6].

3) Envolvimento da comunidade local: As partes interessadas e as comunidades locais estão cada vez mais envolvidas no desenvolvimento do ecoturismo. Os modelos de gestão que envolvem as comunidades locais permitem-lhes obter benefícios económicos e apoiar a proteção das culturas tradicionais [7].

4) Uso da tecnologia: Tecnologias como as energias renováveis, os grandes volumes de dados e as aplicações móveis são utilizadas no desenvolvimento do ecoturismo para melhorar a eficiência operacional, a gestão dos recursos e a interação com os turistas [8].

5) Educação e sensibilização: Os gestores de ecoturismo e as ONG estão a concentrar-se cada vez mais na educação e na sensibilização para a importância da conservação ambiental e cultural. São organizados programas e eventos educativos para aumentar a consciencialização e mudar o comportamento dos turistas [9].

6) Embora o desenvolvimento do ecoturismo tenha um grande potencial, existem também desafios na gestão do crescimento sustentável, garantindo benefícios equitativos para as comunidades locais, bem como na resolução de questões como o excesso de turismo e a exploração dos recursos naturais. Por conseguinte, a aplicação de boas políticas e práticas é essencial para o desenvolvimento correto do ecoturismo [10].

RAZÕES PARA O DESENVOLVIMENTO DO ECOTURISMO

Imagem de ilustração de turismo de rastreio

O ecoturismo está a crescer por várias razões:

1) Conservação da natureza: O ecoturismo tem como objetivo proteger e preservar a biodiversidade e os habitats naturais. A implementação de actividades de ecoturismo sustentáveis pode aumentar a sensibilização do público para a importância de proteger a natureza e o ambiente.

2) Capacitação da comunidade: O ecoturismo oferece oportunidades às comunidades locais para participarem na gestão e no desenvolvimento do turismo. Através do ecoturismo, as pessoas podem participar diretamente nas actividades turísticas, obter fontes de rendimento adicionais, melhorar o nível de vida e construir uma economia local sustentável [12].

3) Educação e investigação: O ecoturismo oferece aos turistas a oportunidade de aprenderem sobre o ambiente natural e a biodiversidade. O ecoturismo também apoia a investigação científica para aprender mais sobre a natureza e os ecossistemas e fornece dados e informações importantes para as políticas de conservação e gestão dos recursos naturais [13].

4) Melhoria da economia e aumento do rendimento nacional: O ecoturismo pode ser uma importante fonte de rendimento para os governos e as comunidades locais. Os turistas que visitam os

destinos de ecoturismo gastam dinheiro em alojamento, alimentação, transporte e outras actividades, impulsionando assim a economia local e gerando rendimento nacional a partir do sector do turismo.

5) Educação e consciencialização ambiental: O ecoturismo pode ser utilizado como um meio para aumentar a sensibilização do público para a importância da preservação da natureza e do ambiente. Através da interação direta com o ambiente natural, os turistas compreenderão e apreciarão melhor o património natural e o impacto das actividades humanas no ambiente.

PARQUE NACIONAL DE BALI OCIDENTAL

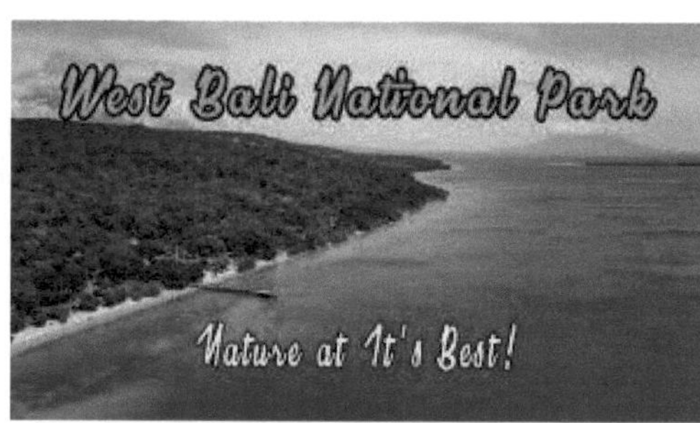

Aqui estão alguns parques nacionais na Indonésia que são desenvolvidos para o ecoturismo:

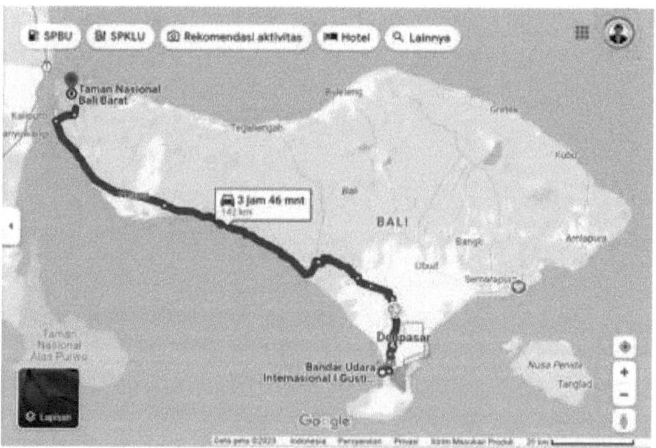

Fonte: https://maps.app.goo.gl/WGSN19yenV6mHr2C8

1. Parque Nacional de Komodo: Situado na província de Nusa Tenggara Oriental, o Parque Nacional de Komodo é famoso pelos seus dragões de Komodo, os maiores lagartos do mundo. Para além disso, o Parque Nacional de Komodo também possui uma beleza natural deslumbrante, como belas praias e águas ricas em biodiversidade subaquática. O Parque Nacional de Komodo é um dos destinos turísticos preferidos dos amantes da natureza e dos mergulhadores [16].
2. Parque Nacional do Monte Bromo Tengger Semeru: Localizado na província de Java Oriental, este parque é famoso pelo Monte Bromo

e tornou-se um ícone turístico de Java Oriental. A vista do nascer do sol do Monte Bromo rodeado por um mar de areia e montanhas é a principal atração deste parque nacional. Para além disso, este parque nacional também tem outras belezas naturais, como a cascata de Madakaripura e o monte Semeru, que é a montanha mais alta da ilha de Java.

3. Parque Nacional de Wei Kambas: Localizado na província de Lampung, o Parque Nacional Wei Kambas é famoso por proteger os rinocerontes de Sumatra e os elefantes. O parque é um local de reprodução dos raros rinocerontes de Sumatra e alberga um famoso centro de treino de elefantes. Os visitantes podem ver a conservação destes animais e apreciar a beleza natural, como pântanos, florestas tropicais e praias.

4. Parque Nacional de Bunaken: O Parque Nacional de Bunaken, em Sulawesi do Norte, é um dos melhores pontos de mergulho do mundo. Esta reserva natural nacional tem uma biodiversidade subaquática incrível, com belos recifes de coral e uma variedade de peixes marinhos. Para além das actividades de mergulho, os turistas podem também apreciar a beleza das pequenas ilhas em redor de Bunaken.

5. Parque Nacional de Ujung Kulon: Situado na província de Banten e parte do Património Mundial da UNESCO, o Parque Nacional de Ujung Kulon é o habitat raro do rinoceronte de um só chifre. O parque nacional tem também belas praias, como a praia de Peucang e a praia de Tanjung Layar. Os visitantes podem explorar a natureza selvagem, a floresta tropical e testemunhar a flora e a fauna únicas que aqui existem [19].

6. Existem muitos outros parques nacionais na Indonésia desenvolvidos para o ecoturismo, como o Parque Nacional de Bali Ocidental, o Parque Nacional Kerinci Seblat e o Parque Nacional Lorenzi. Todos estes parques nacionais oferecem aos visitantes uma experiência de ecoturismo interessante e estimulante [16].

O Parque Nacional de Bali Ocidental é uma área de conservação da natureza situada na ilha de Bali, na Indonésia. O parque nacional cobre uma área de 190.000 hectares e é constituído por florestas tropicais, mangais, praias e recifes de coral [18]. O Parque Nacional de Bali Ocidental é uma reserva natural situada na ilha de Bali, na Indonésia. O parque nacional abrange 190 000 hectares e é constituído por florestas tropicais, mangais, praias e recifes de coral. O Parque Nacional de Bali Ocidental é um dos destinos de ecoturismo mais populares de Bali. Este parque nacional oferece muitas actividades de turismo de natureza, como caminhadas, mergulho com tubo de respiração, mergulho e observação de aves. Os visitantes podem explorar as florestas tropicais, ricas em flora e fauna endémicas, e maravilhar-se com a beleza das praias preservadas e dos recifes de coral.

Uma das principais atracções do Parque Nacional de Bali Ocidental é a ilha de Menjangan, uma pequena ilha situada na parte norte do parque nacional. A ilha é famosa pela sua beleza subaquática e é muito rica em biodiversidade. O snorkeling e o mergulho na ilha de Menjangan são actividades muito populares entre os turistas. Para além disso, o parque nacional tem também um viveiro de tartarugas. Os visitantes podem testemunhar o processo de criação e libertação das tartarugas no mar. Trata-se de um importante esforço de conservação para manter a população de tartarugas na região [18]. O Parque Nacional de Bali Ocidental tem também alguns trilhos interessantes para caminhadas, como o trilho Sumber Klampok para o lago da floresta ou o trilho Segara Kembar para a praia de areia branca. O Parque Nacional de Bali Ocidental, com a sua beleza natural intocada e a sua biodiversidade, tornou-se um destino turístico popular para os amantes da natureza e do ecoturismo em Bali.

O Parque Nacional de Bali Ocidental está situado na parte ocidental de Bali e contribuiu significativamente para a indústria do turismo de Bali. Eis alguns dos seus importantes contributos:

1. Biodiversidade: O Parque Nacional de Bali Ocidental alberga mais de 160 espécies de aves e várias espécies raras, como o búfalo balinês e o veado balinês. A presença destas espécies atrai turistas amantes da natureza e fotógrafos de aves, contribuindo assim para promover o turismo de natureza em Bali [21].

2. Turismo de natureza: O Parque Nacional de Bali Ocidental oferece muitas atracções naturais espectaculares, como a praia de Menjangan, com os seus belos recifes de coral, bem como passeios de snorkeling e mergulho oferecidos por empresas turísticas locais. Estas belas paisagens e actividades são muito populares entre os turistas [21].

3. Actividades turísticas: O Parque Nacional de Bali Ocidental também oferece várias actividades turísticas, como trekking e caminhadas pelas florestas tropicais e trilhos panorâmicos. Estas actividades atraem turistas que procuram aventura e recreação ao ar livre e contribuem para a indústria do turismo de Bali [21].

4. Educação ambiental: O Parque Nacional de Bali Ocidental também deu um contributo importante para a educação ambiental e a

sensibilização para a biodiversidade e a sua proteção. Este programa educativo ajuda a educar os turistas para cuidarem do ambiente natural de Bali e incentiva-os a serem responsáveis pela natureza [21].

5. Desenvolvimento económico local: Com o desenvolvimento do turismo no Parque Nacional de Bali Ocidental, as oportunidades de emprego para a comunidade envolvente estão a aumentar. Os habitantes locais podem tornar-se guias turísticos, guardas florestais ou trabalhadores de outras indústrias relacionadas com o turismo, incentivando assim o crescimento económico local [21].

De um modo geral, o Parque Nacional de Bali Ocidental contribuiu significativamente para o desenvolvimento do turismo em Bali através da riqueza dos seus recursos naturais, das actividades turísticas e da educação ambiental que proporciona. Isto traz benefícios económicos às comunidades locais e ajuda a elevar a beleza e a singularidade de Bali a um nível global [8].

Alguns dos factores que levaram à destruição do Parque Nacional de Bali Ocidental:

1. Diminuição do território: Com o desenvolvimento do turismo e o crescimento da população, a terra está a diminuir e as florestas estão a transformar-se em terrenos agrícolas, plantações e povoações. Isto resulta na perda de habitats naturais para a flora e a fauna nos parques nacionais [21], [22].

2. Exploração madeireira ilegal: A exploração madeireira ilegal ameaça gravemente o equilíbrio do ecossistema do Parque Nacional de Bali Ocidental. As árvores raras com valor comercial são muitas vezes saqueadas para obter ganhos económicos [21], [22].

3. Pesca ilegal: A pesca ilegal nas águas do Parque Nacional de Bali Ocidental tem também um impacto negativo nos ecossistemas dos recifes de coral e noutras formas de vida marinha [21], [22].

4. Alterações climáticas: As alterações climáticas, incluindo a subida das temperaturas e o aumento da acidez dos oceanos, podem danificar os recifes de coral e as espécies biológicas no Parque Nacional de Bali Ocidental [21], [22].

5. Turismo insustentável: Um aumento do número de turistas que não seja acompanhado de uma boa gestão e de uma consciência ambiental pode causar danos materiais, como o aumento dos resíduos e a degradação dos habitats [21], [22]. Todos estes factores conduzem à destruição do Parque Nacional de Bali Ocidental,

ameaçando a existência da flora e da fauna e danificando o ambiente no interior do parque nacional.

LAGO BUYAN TAMBLINGAN

O lago Buyan e o lago Tamblingan são dois lagos situados na aldeia de Pancasari, distrito de Sukasada, regência de Buleleng, Bali, Indonésia. Ambos os lagos são destinos turísticos populares em Bali.

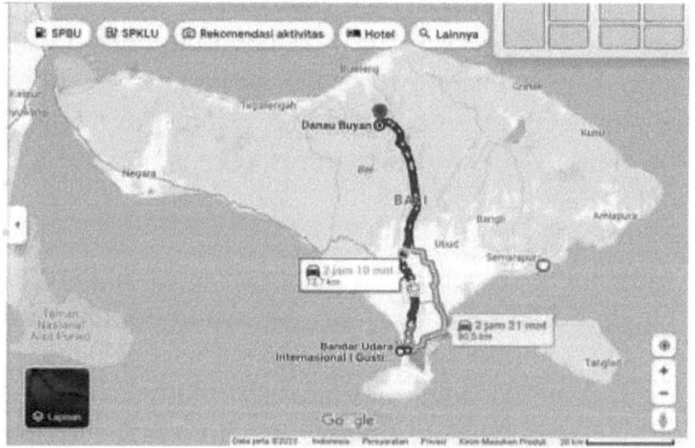

Fonte: https://maps.app.goo.gl/ekfxphVPrXRAkB5X8

O lago Buyan cobre aproximadamente 3,9 quilómetros quadrados, enquanto o lago Tamblingan cobre aproximadamente 1,45 quilómetros quadrados. Os dois lagos ficam um ao lado do outro e estão ligados por um rio. Viajar até ao Lago Buyan e ao Lago Tamblingan é muito interessante devido às suas belas paisagens naturais. O lago calmo e a cor azul-turquesa são verdadeiramente espantosos. Para além disso, o lago está rodeado de colinas e florestas densas, criando uma atmosfera calma e pacífica [23], [24], [25].

Os visitantes podem alugar um barco tradicional para navegar à volta do lago e apreciar a vista do lago e das montanhas. Outras actividades que podem ser realizadas neste lago incluem a pesca, andar de bicicleta ou de moto, ou simplesmente relaxar enquanto se aprecia a bela paisagem. A aldeia de Pancasari também oferece uma variedade de opções de alojamento, desde moradias de luxo a alojamentos simples para os turistas que queiram passar a noite junto ao lago. Além disso, há bancas de comida e restaurantes que oferecem menus locais e internacionais para os turistas que queiram provar as especialidades balinesas [23], [24], [25]. Por isso, se estiveres de férias em Bali, não percas a oportunidade de visitar o Lago Buyan e Tamblingan na aldeia de Pancasari.

O Lago Buyan e o Lago Tamblingan desempenham um papel muito importante na indústria do turismo de Bali. Eis alguns dos seus contributos:

1) O Lago Buyan e o Lago Tamblingan estão rodeados por florestas verdes de montanha, os lagos e as montanhas são de cortar a respiração e o ar é fresco. Isto torna-o uma atração natural atraente para os turistas que procuram uma experiência bela e relaxante na natureza em Bali [23], [24], [25].

2) Actividades aquáticas: Ambos os lagos oferecem também vários tipos de actividades aquáticas, como passeios de barco, natação e pesca. Os viajantes podem desfrutar destas actividades enquanto apreciam a beleza natural das margens dos lagos [23], [24], [25].

3) Ecossistema rico: O lago Buyan e o lago Tamblingan também têm um ecossistema rico com uma variedade de flora e fauna. Este parque turístico natural situado em redor do lago oferece trilhos para caminhadas e trekking que permitem aos visitantes explorar a beleza natural e observar a vida selvagem, como macacos, aves e borboletas [23], [24], [25].

4) Apoia a economia da comunidade: O turismo em torno do Lago Buyan e de Tamblingan também tem um impacto positivo na economia da comunidade. O grande número de turistas que visitam a zona proporciona oportunidades de negócio aos residentes locais, como vendedores de alimentos, empresários de actividades aquáticas e fornecedores de alojamento [23], [24], [25].

5) Educação ambiental: O lago Buyan e o lago Tamblingan também desempenham um papel importante na educação ambiental dos turistas. Nesta área existe o Centro do Parque Nacional de Bali Ocidental que fornece informações e educação sobre a importância

da proteção ambiental e da manutenção da beleza do lago [23], [24], [25].

Com os seus diversos contributos, o lago Buyan e o lago Tamblingan tornaram-se destinos turísticos populares em Bali, trazendo benefícios económicos e sociais às comunidades locais e proporcionando experiências naturais inesquecíveis aos turistas.

Vários factores causaram danos na zona de Buyan e Tamblingan, incluindo:

1. Exploração madeireira ilegal: As actividades de exploração madeireira ilegal são um dos principais factores que causam danos na zona de Buyan Tamblingan. As árvores que são cortadas sem autorização podem danificar o ecossistema e perturbar o equilíbrio do ecossistema natural [25], [24].
2. Invasão de terras: A invasão de terras para actividades agrícolas, de plantação e residenciais também causa danos à zona de Buyan Tamblingan. O processo de usurpação de terras envolve frequentemente o abate de florestas e a sua substituição por terrenos abertos, perturbando assim o equilíbrio do ecossistema e reduzindo o seu habitat natural [25], [24].
3. Poluição da água: A má gestão dos resíduos industriais, agrícolas e domésticos pode causar poluição da água na zona de Buyan Tamblingan. Esta poluição da água pode danificar os ecossistemas aquáticos e ameaçar a sobrevivência da flora e da fauna neles existentes [25], [24].
4. Alterações climáticas: As alterações climáticas, como o aumento das temperaturas e a irregularidade da precipitação, terão um impacto negativo na zona de Buyan Tamblingan. Estas alterações climáticas podem perturbar o ciclo de vida da flora e da fauna da região [25], [24].
5. Turistas irresponsáveis: A presença de turistas irresponsáveis, que deitam lixo para o chão, deitam pontas de cigarro fora ou cometem actos de vandalismo, pode agravar os danos na zona de Buyan Tamblingan. A sensibilização e a educação dos turistas são essenciais para proteger o ambiente natural da zona [25], [24].

Ver mais em: https://maps.app.goo.gl/e7BgwNoq9xgQrfwm8

ÁREA DE BATUR KINTAMANI

O Museu do Geoparque Kintamani Bangli é um museu situado em Kintamani, Bangli, Bali, Indonésia. Este museu foi fundado pelo Geoparque de Kintamani Bangli para promover os valores geológicos e culturais da zona.

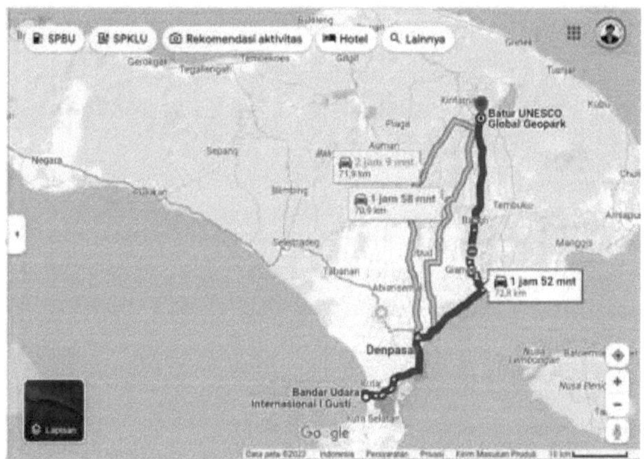

Fonte: https://maps.app.goo.gl/K4UMYjXmjCMSYAUS9

A área do Geoparque Kintamani Bangli é uma área na regência de Bangli, Bali, Indonésia. Esta zona é conhecida como um dos geoparques da Indonésia, que possui uma beleza natural e recursos geológicos únicos. O Geoparque de Kintamani Bangli é famoso pelo vulcão ativo Batur e pelo lago Batur no sopé da montanha. Além disso, existem muitas atracções turísticas nesta área, como o Jardim Krisan, o Parque Jamu e a Cascata Tukad Bangkung. Toda a área do Geoparque

Kintamani Bangli tem belas paisagens naturais e é uma atração para os turistas que querem apreciar a beleza natural e aprender sobre a rica geologia da área [26], [27].

Este museu exibe várias colecções relacionadas com a história da geologia, arqueologia e cultura de Kintamani Bangli. Os visitantes podem ver vários artefactos, fósseis, rochas vulcânicas, bem como informações sobre a singularidade e a beleza da geologia em torno de Kintamani Bangli. Além disso, o museu também exibe vários artefactos e a vida da comunidade na área, tais como vestuário tradicional, equipamento tradicional, bem como informações sobre as crenças e actividades da comunidade local.

O Museu do Geoparque Kintamani Bangli é um local ideal para quem quer aprender mais sobre a história e a cultura de Kintamani Bangli e apreciar a beleza natural representada pelas colecções do museu [29].

A área do Geoparque Kintamani Bangli contribui significativamente para o sector do turismo de Bali através de

1. A zona do Geoparque de Kintamani Bangli é famosa pela sua extraordinária beleza natural. As encostas do Monte Batur, o Lago Batur e o Monte Abang são as principais atracções para os turistas nacionais e estrangeiros. Esta beleza natural proporciona experiências únicas e interessantes aos turistas [26], [28], [27].
2. Turismo de aventura: A área do Geoparque Kintamani Bangli oferece várias actividades de aventura, como trekking, escalada de vulcões, ciclismo e natação no Lago Batur. Esta atividade atrai turistas que procuram experiências de aventura e desafio [26], [28], [27].
3. A zona do Geoparque Kintamani Bangli é também rica em valores culturais e históricos. Esta zona está rodeada de templos hindus centenários, como o Templo Ulun Danu Batur e o Templo Puncak Tulisan. Os visitantes podem apreciar a beleza da arquitetura e realizar rituais religiosos únicos [26], [28], [27].
4. Melhoria da economia da comunidade: A existência da indústria do turismo na área do Geoparque Kintamani Bangli tem um impacto positivo na economia da comunidade local. Os residentes locais têm a oportunidade de abrir empresas de turismo, como alojamento, restaurantes, bancas e lojas de recordações. Isto contribui para

aumentar o rendimento e a recuperação económica das comunidades locais [26], [28], [27].

5. Educação e conservação da natureza A área do Geoparque Kintamani Bangli também desempenha um papel importante nos domínios da educação e da conservação da natureza. A investigação e os conhecimentos sobre a geologia, a flora, a fauna e os ecossistemas da região podem ser divulgados às comunidades locais e aos visitantes através de programas de educação e ensino. Além disso, esta zona também sensibiliza para a importância da conservação da natureza e da proteção do ambiente. Globalmente, a zona do Geoparque Kintamani Bangli contribuiu significativamente para a indústria do turismo de Bali através da beleza natural, das actividades de aventura, do património cultural e histórico, bem como dos benefícios económicos e educativos[26],[28],[27].

Vários factores causaram danos na área do Geoparque Kintamani Bangli, incluindo

1. Actividades humanas não controladas: Os turistas na zona do Geoparque Kintamani Bangli realizam frequentemente actividades como deitar lixo para o chão, danificar instalações públicas e destruir a beleza natural com actividades inadequadas, como colher flores ou partir ramos de plantas [26], [28], [27].
2. Desflorestação: A desflorestação descontrolada é um dos principais factores que causam danos nesta zona. A desflorestação insustentável provoca a perda de ecossistemas naturais, a destruição de habitats animais e a redução das camadas de solo, que são importantes para manter a estabilidade ambiental [26], [28], [27].
3. Alterações climáticas: As alterações climáticas, como o aumento das temperaturas, a poluição atmosférica e a poluição da água, podem prejudicar o ambiente na zona do Geopark Kintamani Bangli. Por exemplo, o aumento das temperaturas pode danificar os ecossistemas e provocar a extinção de várias espécies vegetais e animais [26], [28], [27].
4. Exploração excessiva dos recursos naturais: A exploração excessiva dos recursos naturais sem prestar atenção à conservação da natureza pode resultar em danos aos ecossistemas naturais. Por exemplo, a extração de areia e gravilha danifica a estrutura do solo e altera o seu contorno [26], [28], [27].
5. Falta de sensibilização do público. A falta de sensibilização do público e de compreensão da importância da proteção do ambiente

e da preservação da natureza é também um fator que causa danos na zona do Geopark Kintamani Bangli. Se as pessoas não estiverem ativamente envolvidas na proteção da natureza, os esforços de conservação não serão bem sucedidos [26], [28], [27].

Ver mais em: https://maps.app.goo.gl/uKbqynz4XxFbrSyU9

ECOTURISMO NOS MANGAIS DE BALI

O Bali Mangrove Eco Tour em Denpasar é uma atração turística natural que oferece a experiência de visitar uma vasta floresta de mangue com várias actividades e atracções interessantes. Os visitantes podem explorar a floresta de mangue num barco tradicional chamado jukung ou caminhar numa ponte de madeira que atravessa a floresta. Além disso, os turistas também podem fazer várias actividades, como pescar, andar de bicicleta ou lançar papagaios.

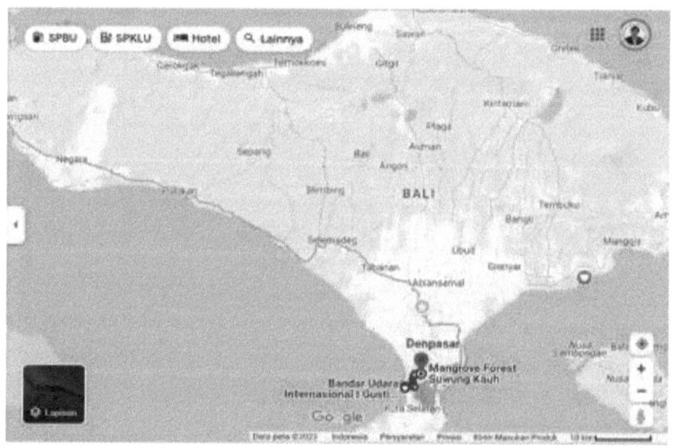

Fonte: https://maps.app.goo.gl/f2k9MdrmdbLFgX3m7

Os visitantes podem desfrutar de belas vistas e apreciar a atmosfera natural calma durante a visita. Bali Mangrove Eco Tours também fornece educação sobre a importância de preservar a vida do mangue e seu ecossistema. Este local é adequado para todas as idades e pode ser um destino familiar divertido. Há também várias instalações, como casas de banho, restaurantes e estacionamento. Bali Denpasar Mangrove Ecotourism é um dos melhores locais em Bali para observar a vida nos mangais e apreciar a beleza natural da ilha [30], [31].

A Zona de Ecoturismo dos Mangues de Bali contribuiu significativamente para o sector do turismo de Bali através de

1. Aumentar o ecoturismo: A zona de ecoturismo dos mangais de Bali proporciona uma experiência turística única, mantendo a autenticidade do ecossistema dos mangais. Os visitantes podem explorar os mangais em barcos de madeira tradicionais ou em pontes de madeira que atravessam a água. Os turistas podem testemunhar por si próprios a biodiversidade e a beleza natural dos mangais e compreender as funções ecológicas dos mangais [30], [32], [33].
2. Educação e consciencialização ambiental: A zona de ecoturismo dos mangais de Bali tem um centro de educação que fornece informações sobre o ecossistema dos mangais e os problemas ambientais que enfrenta. Este projeto educativo visa aumentar a sensibilização ambiental das comunidades locais e dos turistas para a importância da conservação dos mangais e da natureza. Através desta abordagem, os turistas podem ficar a saber mais sobre os esforços de conservação dos mangais efectuados em Bali [30], [32], [33].
3. Proteção dos mangais: Área de Ecoturismo de Bali Os mangais têm um papel importante na proteção do ecossistema de mangais de Bali. Esta proteção inclui programas de reflorestação de mangais, restauração de ecossistemas danificados e monitorização de ameaças aos mangais, como o abate ilegal de árvores e a poluição. Estes esforços de conservação ajudam a manter o equilíbrio do ecossistema dos mangais e a proteger a flora e a fauna que nele vivem [30], [32], [33].
4. Capacitação das comunidades locais: A Zona de Ecoturismo dos Mangues de Bali oferece oportunidades às comunidades locais para participarem em actividades turísticas. Podem tornar-se guias turísticos, gestores de barcos ou carpinteiros, construindo instalações e infra-estruturas na zona. As receitas do turismo

também proporcionam benefícios económicos às comunidades locais, melhorando assim o seu bem-estar e ajudando a reduzir a pressão sobre os ecossistemas de mangais [30], [32], [33].

5. De um modo geral, a Zona de Ecoturismo dos Mangues de Bali contribuiu positivamente para a indústria do turismo de Bali através da utilização sustentável dos recursos naturais, do desenvolvimento de programas de educação e sensibilização ambiental, dos esforços de conservação dos mangais e da capacitação das comunidades locais.

Muitos factores causam danos à zona de ecoturismo dos mangais de Bali, incluindo

1. Invasão de terras: As zonas de ecoturismo de mangais em Bali enfrentam graves problemas de usurpação de terras. A maior parte das terras dos mangais foi convertida para a construção de hotéis, moradias, restaurantes e outras infra-estruturas. Este facto resulta na perda do habitat natural dos organismos nas florestas de mangais [30], [32], [33].
2. Poluição: A poluição tornou-se uma séria ameaça para o ecossistema dos mangais de Bali. Os resíduos industriais, agrícolas e domésticos, que não são geridos de forma adequada, correm frequentemente diretamente para os rios que desaguam nas zonas de mangais. Esta situação pode resultar na perturbação da qualidade da água e da vida do biota nas florestas de mangais, ou mesmo na morte [30], [32], [33].
3. Desenvolvimento da utilização dos recursos: Os mangais fornecem vários recursos naturais valiosos, como a madeira, o peixe e outros produtos dos mangais. No entanto, a exploração excessiva e insustentável destes recursos tem causado danos ao ecossistema. O abate ilegal ou não controlado das florestas de mangais tem um impacto negativo na sustentabilidade regional [30], [32], [33].
4. Alterações climáticas: Com o aumento das temperaturas globais e dos níveis de acidez dos oceanos, as alterações climáticas afectarão o crescimento e a sustentabilidade dos ecossistemas de mangais. O aumento da temperatura e da acidez dos oceanos pode inibir o crescimento e a reprodução das plantas dos mangais, perturbando assim a cadeia alimentar e a biodiversidade da região [30], [32], [33].
5. Falta de consciencialização do público: A falta de sensibilização do público e de compreensão da importância de proteger os ecossistemas de mangais é um fator importante na destruição de

áreas de ecoturismo. Se a sociedade não compreender a importância da contribuição dos mangais para os ecossistemas e a vida humana, a poluição, as actividades ilegais e as práticas não sustentáveis podem continuar a ocorrer [30], [32], [33].

6. Devem ser tomadas medidas adequadas, como a proteção e recuperação dos mangais, o controlo da poluição, a gestão sustentável dos recursos, bem como uma melhor educação e sensibilização do público, para garantir a sustentabilidade da zona de ecoturismo dos mangais de Bali e proteger este importante ecossistema [30], [32], [33]

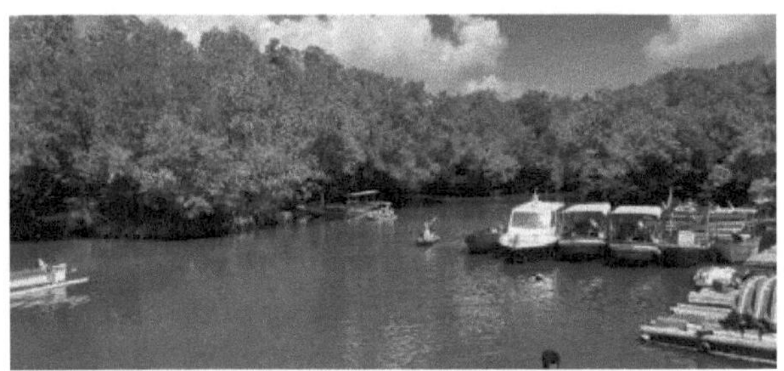

Ver mais em: https://maps.app.goo.gl/ZnCpP4nufpnhvYqQ8

ECOTURISMO NO MANGAL DE LEMBONGAN

O Lembongan Eco Tourism Klungkung Mangrove é uma atração turística natural localizada na aldeia de Jungutbatu, Klungkung, Nusa Lembongan, Bali. Este local proporciona uma experiência de exploração natural e educação sobre o raro ecossistema dos mangais.

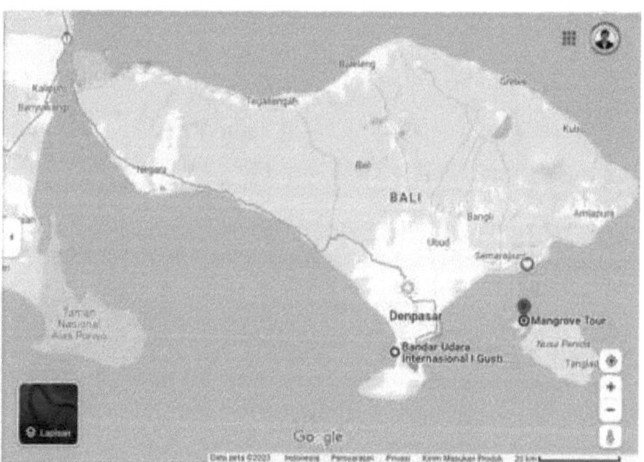

Fonte: https://maps.app.goo.gl/oruTzFbr3dvBJ7U4A

Os visitantes podem fazer um cruzeiro ao longo de rios repletos de mangais. As actividades que podem ser realizadas aqui incluem viajar num barco tradicional balinês, caminhar numa ponte circular de madeira e ouvir a explicação de um guia local sobre a biodiversidade e os benefícios proporcionados pelo ecossistema dos mangais [34], [35].

O Lembongan Mangrove Eco-Tour também possui belas bancas de comida, permitindo aos visitantes provar as iguarias locais enquanto admiram a paisagem natural circundante. Esta atração turística fica também perto de belas praias na área circundante, pelo que os turistas podem combinar a sua visita com a natação ou o relaxamento na praia local [34], [35]. O ecoturismo nos mangais de Lembongan também desempenha um papel importante na conservação dos mangais da região. Realizam ativamente actividades de plantação de sementes de mangais, limpam o lixo e educam o público e os turistas sobre a importância de preservar o ecossistema dos mangais. Por conseguinte, o Klungkung Lembongan Mangrove Eco Tour pode ser uma escolha atractiva para os turistas que se interessam pela natureza e querem saber mais sobre o ecossistema dos mangais.

A contribuição da zona ecoturística dos mangais de Klungkung Lembongan para o sector turístico de Bali é a seguinte:

1. Atrai turistas: A zona de ecoturismo do mangal de Klungkung Lembongan é um local atrativo para os turistas que procuram experiências de natureza e ecoturismo. Os visitantes podem desfrutar da beleza encantadora dos mangais, caminhar em pontes de madeira e explorar de barco o ecossistema dos mangais, que é rico em biodiversidade [34], [35].
2. Educação ambiental: A Área de Ecoturismo do Mangue de Lembongan Klungkung tem também uma função de educação ambiental. Os visitantes podem aprender sobre a importância da proteção das florestas de mangais para a manutenção da saúde dos ecossistemas marinhos e do equilíbrio de todo o ecossistema. Os visitantes podem aprender muito sobre a flora e a fauna da zona e sobre a forma de as proteger [34], [35].
3. Aumentar a sensibilização para a conservação: Ao visitar esta zona de ecoturismo, os turistas podem tornar-se mais conscientes da importância da conservação da natureza. Podem ver diretamente os esforços de conservação levados a cabo pela gestão e podem, em última análise, contribuir para os esforços de proteção e gestão do ambiente [34], [35].
4. Criação de emprego: A zona de ecoturismo dos mangais de Klungkung Lembongan também proporciona benefícios económicos à comunidade local. O desenvolvimento e a gestão da

zona proporcionam oportunidades de emprego aos residentes locais, quer como guias turísticos, quer como empregados de limpeza e comerciantes de lembranças. Isto ajuda a melhorar os seus meios de subsistência e promove o desenvolvimento económico local [34], [35].

5. Gerar receitas regionais: Com o aumento contínuo do número de turistas que visitam a zona de ecoturismo de Klungkung, no mangal de Lembongan, o rendimento regional aumentará. Os governos locais podem utilizar as receitas do sector do turismo para construir infra-estruturas, melhorar os serviços públicos e desenvolver outros sectores turísticos na região de Bali [34], [35].

Muitos factores causam a destruição das florestas de mangue de Klungkung e Lembongan, incluindo

1. Desenvolvimento do turismo: O desenvolvimento descontrolado do turismo pode causar danos ao ecossistema dos mangais. A construção de hotéis, restaurantes e outras infra-estruturas turísticas em torno de zonas de mangais pode perturbar a vida das plantas e animais dos mangais e poluir a água e o solo [36], [37], [38].
2. Desflorestação: A desflorestação ilegal em torno dos mangais pode ameaçar a sustentabilidade do ecossistema. A desflorestação não autorizada para expandir terras agrícolas ou para outros fins pode causar a perda de habitat e prejudicar a biodiversidade [36], [37], [38].
3. Poluição: Os resíduos industriais, agrícolas e residenciais podem poluir a água e o solo em redor dos mangais. Os resíduos químicos e plásticos podem ter um impacto negativo nos organismos que vivem nos mangais e nas suas imediações [36], [37], [38].
4. Alterações climáticas: As alterações climáticas globais, como a subida das temperaturas e o aumento das condições meteorológicas extremas, perturbarão o equilíbrio do ecossistema dos mangais. O aumento das temperaturas afectará o crescimento e a reprodução dos mangais, enquanto as condições meteorológicas extremas, como as inundações e as tempestades, podem causar danos físicos aos mangais [36], [37], [38].
5. Elevada taxa de visitantes: O mangal de Lembongan Klungkung é um destino turístico popular. Se o nível de visitas turísticas não for bem gerido, pode causar danos diretos ou indirectos ao ecossistema dos mangais. Actividades como caminhar sobre raízes de mangais, deitar lixo para o chão ou destruir plantas de mangais para tirar

fotografias podem danificar e perturbar o ecossistema [36], [37], [38].

A participação da comunidade no desenvolvimento do ecoturismo pode trazer muitos benefícios para a comunidade e o ambiente circundante. Seguem-se várias motivações que podem incentivar a participação da comunidade no desenvolvimento do ecoturismo:

1. Aumentar os rendimentos: A participação da comunidade no ecoturismo pode proporcionar oportunidades para aumentar o rendimento. Ao participarem em actividades de ecoturismo, as pessoas podem obter rendimentos adicionais através da venda de produtos ou serviços relacionados com o ecoturismo, como casas de família, artesãos ou guias turísticos locais [36], [37], [38].
2. Diversificação económica: O desenvolvimento do ecoturismo pode ajudar as comunidades a diversificar as suas economias. Por exemplo, se anteriormente as pessoas dependiam apenas do sector agrícola, como o cultivo de arroz ou a criação de animais, através do ecoturismo podem desenvolver outras actividades, como o cultivo de peixe, o agroturismo ou o artesanato relacionado com a natureza [36], [37], [38].
3. Manutenção do ambiente: A participação da comunidade no ecoturismo também pode sensibilizá-la para a importância de proteger e preservar o ambiente circundante. Através da educação e da formação proporcionadas no desenvolvimento do ecoturismo, as pessoas compreenderão como as actividades humanas afectam o ambiente e como realizar esforços de conservação [36], [37], [38].
4. Aumentar a consciencialização cultural: Ao desenvolver o ecoturismo, as pessoas podem apresentar a cultura local aos turistas. Isto pode aumentar a sensibilização para a diversidade cultural e o património local e aumentar o orgulho das pessoas na sua identidade [36], [37], [38].
5. Capacitação da comunidade: A participação da comunidade no desenvolvimento do ecoturismo pode aumentar o seu sentido de propriedade dos recursos naturais circundantes. Ao envolver as comunidades na tomada de decisões e na execução dos planos de ecoturismo, estas sentir-se-ão proprietárias e responsáveis pelo desenvolvimento e proteção do seu ambiente [36], [37], [38].

6. Melhoria das infra-estruturas: O desenvolvimento do ecoturismo exige frequentemente a melhoria das infra-estruturas, como estradas, água potável ou meios de comunicação. A participação da comunidade no desenvolvimento do ecoturismo pode incentivar o governo ou as partes relacionadas a investir no desenvolvimento de infra-estruturas, o que, em última análise, trará benefícios para a comunidade envolvente [36], [37], [38].
7. Ao considerar e encorajar estes factores, a participação da comunidade no desenvolvimento do ecoturismo pode ser maior e mais sustentável, resultando em benefícios económicos e sociais positivos, bem como na proteção do ambiente.

O PAPEL DO ECOTURISMO

As oportunidades e oportunidades de ecoturismo de desenvolvimento comunitário incluem:

1. Aumento do rendimento: Com o desenvolvimento do sector do ecoturismo, as pessoas têm a oportunidade de obter rendimentos adicionais. Podem ser guias turísticos, fornecedores de alojamento ou vendedores de produtos locais relacionados com o ecoturismo [39], [40], [41].
2. Criar empregos: O desenvolvimento do ecoturismo pode criar novos postos de trabalho para as comunidades locais. Este facto tem um impacto positivo, especialmente para as pessoas que vivem em zonas rurais, porque essas zonas têm um potencial natural que pode atrair turistas [39], [40], [41].
3. Manutenção e proteção do ambiente: Com o desenvolvimento do ecoturismo, as pessoas terão maior motivação para manter e proteger o ambiente natural circundante. Elas reconhecem que a sustentabilidade do ecoturismo depende da proteção da natureza, que é a principal atração turística [39], [40], [41].
4. Desenvolvimento de competências: As comunidades podem desenvolver novas competências e conhecimentos através da formação e do ensino no domínio do ecoturismo. Podem aprender sobre a conservação da natureza, a gestão do turismo, o serviço ao cliente e a comercialização de produtos locais [39], [40], [41].
5. Promoção da cultura local: O ecoturismo oferece às comunidades a oportunidade de promover a cultura e as tradições locais junto dos turistas. Isto pode aumentar a apreciação do património cultural e criar orgulho na identidade de cada um [39], [40], [41].
6. Capacitação da comunidade: Ao desenvolver o ecoturismo, as comunidades podem ser mais activas na tomada de decisões relativas

à gestão dos recursos naturais. Podem participar no processo de planeamento, desenvolvimento e gestão do ecoturismo para garantir a sustentabilidade e os benefícios a longo prazo para a comunidade [39], [40], [41].

7. Melhoria das infra-estruturas: Em muitos casos, o desenvolvimento do ecoturismo implica também a melhoria das infra-estruturas, como estradas, habitação, transportes e redes de telecomunicações. Isto trará benefícios não só para o sector do turismo, mas também para a sociedade no seu conjunto [39], [40], [41].

8. É importante que o governo e as partes relacionadas envolvam a comunidade no desenvolvimento do ecoturismo, identificando as oportunidades e possibilidades existentes. Um apoio adequado sob a forma de formação, financiamento e acesso ao mercado ajudará as comunidades a explorar o potencial do ecoturismo de forma sustentável e eficaz.

Algumas das capacidades ou aptidões da comunidade para desenvolver o ecoturismo incluem:

1. Conhecimentos e experiência no domínio do ambiente e dos ecossistemas: As pessoas precisam de ter conhecimentos suficientes sobre o ambiente e os ecossistemas circundantes. Devem compreender como manter a biodiversidade, o equilíbrio dos ecossistemas e o impacto das actividades humanas no ambiente [39], [40], [41].

2. Competências de gestão do turismo: As comunidades também precisam de ter competências de gestão do turismo, incluindo a receção de hóspedes, o planeamento e a organização de actividades de ecoturismo, a gestão de restaurantes e alojamentos e outras actividades relacionadas com o desenvolvimento do ecoturismo [39], [40], [41].

3. Participar em actividades educativas: A comunidade precisa de participar ativamente em actividades educativas relacionadas com o ecoturismo. Devem ser capazes de educar os turistas sobre a importância da proteção ambiental, como respeitar a biodiversidade e como viajar de forma responsável [39], [40], [41].

4. Criatividade no desenvolvimento de produtos e turismo: As pessoas devem ter criatividade para desenvolver produtos e turismo que sejam sustentáveis e respeitadores do ambiente. Devem ser capazes de identificar o potencial natural e cultural local para atrair turistas [39], [40], [41].

5. Participar na preservação cultural: A comunidade também deve estar envolvida na preservação da cultura local. Devem preservar e promover as suas tradições, artes e património cultural para que se mantenham sustentáveis e atraiam turistas.
6. Participação na tomada de decisões: A comunidade deve participar no processo de tomada de decisões para o desenvolvimento do ecoturismo. Deve ser-lhes dada a possibilidade de participar na formulação de políticas e no planeamento do desenvolvimento do turismo sustentável [39], [40], [41].
7. Participar em actividades de conservação: As comunidades têm de participar em actividades de conservação, como a reflorestação, a manutenção de plantas endémicas e a gestão sustentável dos recursos naturais. Devem estar sensibilizadas para as questões ambientais e ser responsáveis pela manutenção da beleza e da sustentabilidade dos ecossistemas locais [39], [40], [41].
8. Capacidades de marketing e promoção: As comunidades também devem ter capacidades de marketing e promoção para apresentar e promover o potencial local de ecoturismo a potenciais turistas. Devem ser capazes de criar brochuras, sítios Web e utilizar as redes sociais para expandir o seu alcance e atrair o interesse dos visitantes [39], [40], [41].

Existem vários métodos de investigação utilizados para medir o sucesso dos projectos de ecoturismo, incluindo:

1. Inquérito ou questionário: Este método envolve a recolha de dados através da colocação de questões estruturadas aos inquiridos, tais como turistas ou participantes em projectos de ecoturismo. Os inquéritos podem incluir perguntas sobre a satisfação dos visitantes, a avaliação da qualidade do projeto, a sustentabilidade do ecoturismo e o impacto do projeto no ambiente e nas comunidades locais [42], [6], [8].
2. Observação direta: Este método envolve a observação direta das actividades do projeto de ecoturismo. Os investigadores podem fazer observações para obter informações sobre o sucesso do programa, por exemplo, observando as interações dos visitantes com a natureza, a utilização dos recursos naturais e o comportamento dos visitantes na preservação do ambiente [42] , [6] , [8]].

3. Entrevista: Este método envolve a interação entre o investigador e o inquirido sob a forma de uma entrevista. As entrevistas podem ser realizadas com as partes envolvidas no projeto de ecoturismo, tais como operadores turísticos, comunidades locais e governos locais. O objetivo da entrevista é obter informações mais aprofundadas sobre o sucesso do programa, os desafios enfrentados e os esforços para manter a sustentabilidade do ecoturismo [42], [6], [8].

4. Análise de documentos: Este método envolve a recolha de dados de documentos relacionados com o projeto de ecoturismo, tais como relatórios de sucesso anteriores, avaliações de projectos e documentos de estratégia de desenvolvimento. Os dados são então analisados para determinar se o programa conseguiu atingir os seus objectivos declarados [42], [6], [8].

5. Abordagem participativa: Esta abordagem requer a participação ativa de todas as partes envolvidas no programa de ecoturismo, incluindo turistas, comunidades locais e governos locais. Esta abordagem dá-lhes a oportunidade de darem o seu contributo e de avaliarem os projectos de ecoturismo para que estes possam ter mais sucesso [42], [6], [8].

6. Ao realizar uma investigação para medir o sucesso de um projeto de ecoturismo, é importante utilizar uma combinação de vários dos métodos acima referidos para obter uma compreensão abrangente e aprofundada do sucesso do projeto e do seu impacto no ambiente e nas comunidades locais.

Eis alguns pontos importantes para o desenvolvimento de um projeto de ecoturismo:

1. Conservação da natureza: Os projectos de ecoturismo devem envolver esforços sustentáveis de conservação da natureza, incluindo a proteção da flora e da fauna e a recuperação de ecossistemas danificados. Isto inclui a monitorização e a manutenção dos habitats naturais, a gestão eficaz da água e da energia e a redução dos impactos negativos no ambiente [42], [6], [8].

2. Educação e sensibilização: Os projectos de ecoturismo devem educar os turistas e os residentes locais sobre a importância da conservação da natureza e a importância dos esforços de conservação. Isto pode ser conseguido através de guias turísticos conhecedores, da utilização de materiais educativos e da promoção de actividades educativas e participativas [42], [6], [8].

3. Cultura e comunidades locais: O ecoturismo deve também ter em conta a cultura e os interesses das comunidades locais. O plano deve envolver ativamente as comunidades locais na gestão e no desenvolvimento do ecoturismo. A participação das comunidades locais garantirá benefícios económicos sustentáveis e o respeito pelas tradições e cultura locais [42], [6], [8].
4. Gestão dos recursos: A implementação de projectos de ecoturismo deve prestar atenção à gestão adequada dos recursos naturais existentes. Isto inclui a regulação do número de turistas, a monitorização ambiental, o controlo da poluição e a utilização de tecnologias amigas do ambiente [42], [6], [8].
5. Marketing e promoção: Os projectos de ecoturismo requerem um marketing eficaz e apoio promocional para atrair turistas. Durante o processo de promoção, é necessária uma abordagem honesta e sustentável para manter a imagem positiva do projeto de ecoturismo. O marketing deve também centrar-se nos segmentos de mercado interessados na conservação e em experiências naturais únicas [42], [6], [8].
6. Colaboração e parcerias: Os projectos de ecoturismo bem sucedidos envolvem frequentemente uma colaboração e parcerias eficazes entre governos, comunidades locais, organizações ambientais e o sector privado. Parcerias como estas contribuem para o financiamento, a gestão e o desenvolvimento de projectos de ecoturismo sustentáveis [42], [6], [8].
7. Avaliação e Monitorização: Os projectos de ecoturismo devem ser continuamente avaliados e monitorizados para garantir o sucesso dos objectivos de conservação e desenvolvimento. Esta avaliação inclui a medição dos impactos económicos, sociais e ambientais do programa. Também é necessário um acompanhamento regular para identificar mudanças nas tendências e tomar as medidas corretivas necessárias [42], [6], [8].
8. Ao desenvolver um projeto de ecoturismo, é importante ter em conta a sustentabilidade a longo prazo e os benefícios para a natureza, as comunidades locais e os visitantes.

BOAS PRÁTICAS DE ECOTURISMO NA INDONÉSIA

Um exemplo de um projeto de ecoturismo bem sucedido é o projeto de desenvolvimento do ecoturismo no Parque Nacional de Komodo, na Indonésia. Este programa visa proteger o habitat dos dragões de Komodo, um animal endémico raro que só existe na ilha de Komodo.

Este programa tem sido bem sucedido em várias áreas, incluindo:

1. Conservação e recuperação da população de dragões de Komodo: Este programa conseguiu proteger e aumentar a população de dragões de Komodo no Parque Nacional de Komodo. Através de uma supervisão rigorosa e de esforços de monitorização, bem como do controlo da ameaça da caça e da destruição do habitat, a população de Komodo continua a aumentar e mantém-se sustentável [43], [44], [45].

2. Educação e sensibilização ambiental: Este programa também apoia os esforços de educação e sensibilização ambiental nas comunidades em redor da ilha de Komodo. Através de programas educativos, formação e eventos, a comunidade compreende a importância de preservar o ecossistema circundante. Além disso, este programa oferece às comunidades locais a oportunidade de se tornarem guias turísticos responsáveis, criando assim postos de trabalho e melhorando o seu bem-estar [43], [44], [45].

3. Capacitação das comunidades locais: Este programa também conseguiu capacitar as comunidades locais para participarem na gestão do ecoturismo no Parque Nacional de Komodo. Através da participação ativa da comunidade na gestão e desenvolvimento do

ecoturismo, esta desempenha um papel importante na tomada de decisões e no controlo das actividades turísticas na zona. Além disso, este programa oferece formação e apoio ao desenvolvimento de empresas de ecoturismo sustentáveis que permitem às comunidades locais obter benefícios económicos do turismo sem destruir a natureza e a cultura locais [43], [44], [44] 45).

4. O plano de desenvolvimento do ecoturismo para o Parque Nacional de Komodo é um exemplo bem sucedido de proteção da natureza e da sua utilização sustentável. O sucesso destes programas mostra que o ecoturismo pode ser uma importante fonte de rendimento, ao mesmo tempo que protege o ambiente e proporciona benefícios sociais positivos às comunidades locais [43], [44], [45].

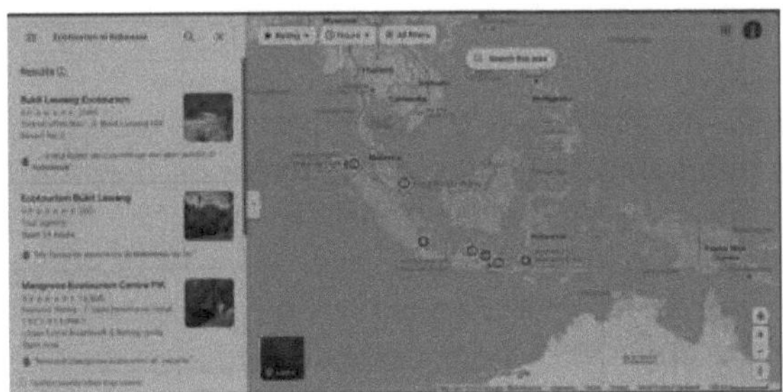

Ver mais em Ecoturismo na Indonésia - Google Maps

ESTUDO DE CAMPO DA GESTÃO DO ECOTURISMO COM BASE NA PARTICIPAÇÃO COMUNITÁRIA EM BALI

No caso da Indonésia, a maior parte das atracções turísticas oferecidas e publicitadas são parques nacionais ou florestas protegidas. Estes locais foram incluídos no âmbito da proteção. Por outro lado, fazem publicidade para atrair um grande número de turistas. Muitas vezes, existe um desfasamento entre o ideal e a realidade. Pensa-se que uma boa gestão do ecoturismo é capaz de mediar estes dois interesses [13].

A desflorestação em Bali tem tido um impacto negativo no ambiente e na vida das pessoas. Um dos impactos é a perda de habitat natural para várias espécies de plantas e animais, resultando numa redução da biodiversidade. O aquecimento global, as inundações e os deslizamentos de terras são também cada vez mais frequentes devido à perda do coberto vegetal e à perda da função da floresta como absorvente de água. Além disso, a destruição das florestas também afecta a qualidade e a disponibilidade da água. As florestas desempenham um papel importante na preservação do ciclo da água e, à medida que as florestas desaparecem, a qualidade e a quantidade de água limpa também diminuem. Bali está a trabalhar arduamente para ultrapassar a destruição das florestas, nomeadamente através da aplicação de políticas de conservação das florestas, da sensibilização do público para a importância da conservação das florestas e do desenvolvimento de práticas agrícolas sustentáveis. No entanto, o governo, as comunidades locais e o sector privado ainda precisam de aumentar os seus esforços e a sua colaboração para impedir novos danos e restaurar as florestas já danificadas.

Com base nas estatísticas da Agência Central de Estatísticas, a área florestal da Indonésia em 2020 foi de 125,82 milhões de hectares. Este número não sofreu alterações em relação ao ano anterior. A área florestal da Indonésia é especificamente de 29,58 milhões de hectares, que são florestas de reserva. Entre elas, 27,41 milhões de hectares são reservas naturais e zonas protegidas. A área florestal de produção limitada é de 26,77 milhões de hectares. A área florestal de produção continua a ser de 29,22 milhões de hectares. Ao mesmo tempo, existem 12,84 milhões de hectares de floresta de produção que podem ser convertidos. A superfície florestal da Indonésia diminuiu nos últimos cinco anos. A diminuição média de 2015 a 2020 foi de 0,21% [46].

Os factores que causam este declínio ainda não são bem conhecidos, e um esforço para reduzir o declínio das áreas florestais protegidas ou protegidas é utilizar as áreas florestais protegidas ou protegidas através da introdução de um modelo de gestão baseado na capacitação das comunidades das aldeias que apoiam as florestas protegidas. Logicamente, se as pessoas estiverem satisfeitas com a existência de florestas protegidas, tenderão a cuidar bem delas. Uma forma de gestão de florestas protegidas é o desenvolvimento de projectos de ecoturismo (47).

No entanto, para garantir a orientação correta do ecoturismo, devem ser seguidos vários princípios básicos. Vários princípios têm sido propostos por diferentes investigadores, mas o mais geral é o proposto pela Associação Internacional de Ecoturismo [6]. O ecoturismo combina biodiversidade, cultura e viagens sustentáveis. Isto assegura que a comunidade é aceite e envolvida nas actividades de ecoturismo [7]. Os bons valores do ecoturismo são a minimização dos impactos; a sensibilização e a valorização dos ecossistemas e da cultura; a criação de oportunidades positivas para os visitantes e os anfitriões; a obtenção de benefícios económicos diretos para a conservação; a obtenção de benefícios monetários e a capacitação dos residentes locais e o aumento das oportunidades de hospitalidade nas comunidades rurais. [42]

Com base nos princípios do ecoturismo acima referidos, o termo ecoturismo inclui as seguintes actividades, mas não se limita a passeios na natureza, mergulho, observação da vida selvagem e turismo cultural, com destaque para a conservação e a sustentabilidade dos aspectos mais importantes do ecoturismo nas zonas rurais. Áreas de grande importância para a biodiversidade, o clima, as áreas protegidas e o património cultural [48]

Este estudo é uma continuação da investigação anterior e é um estudo preliminar antes de efetuar observações e investigações aprofundadas sobre a gestão dos destinos de ecoturismo em cinco destinos de ecoturismo em Bali, nomeadamente o Parque Nacional de Bali Ocidental, a zona do lago Buyan, o Parque Geológico de Batur, o mangal de Denpasar em Bali e o mangal de Klungkung em Lembongan. . Esta investigação tem como objetivo determinar a gestão de destinos de ecoturismo para a criação de pequenas empresas locais em cinco destinos de ecoturismo, nomeadamente, o Parque Nacional de Bali Ocidental, a área do Lago Buyan, o Museu Geoparque Batur, o Mangue de Denpasar em Bali e o Mangue de Lembongan.

Com base nos resultados dos inquéritos, das observações diretas, das entrevistas e das mesas de investigação, procedeu-se a uma análise bibliográfica de cada destino de ecoturismo em Bali, como se segue:

OBSERVAÇÃO DE UM PROJECTO DE ECOTURISMO NO PARQUE NACIONAL DE BALI OCIDENTAL

O Parque Nacional de Bali Ocidental é um dos destinos de ecoturismo mais populares em Bali. Este parque nacional oferece muitas actividades de turismo natural, tais como caminhadas, mergulho com tubo de respiração, mergulho e observação de aves. Os visitantes podem explorar as florestas tropicais ricas em flora e fauna endémicas e admirar a beleza das praias e dos recifes de coral que ainda estão intactos. Uma das principais atracções do Parque Nacional de Bali Ocidental é a ilha de Menjangan, uma pequena ilha situada na parte norte do parque nacional. Esta ilha é famosa pela sua beleza subaquática e é muito rica em biodiversidade. O snorkeling e o mergulho na ilha de Menjangan são actividades muito populares entre os turistas. Para além disso, este parque nacional tem também uma zona de reprodução de tartarugas.

Os visitantes podem testemunhar em primeira mão o processo de reprodução das tartarugas e a sua libertação no mar. Este é um importante esforço de conservação para manter a população de tartarugas na área. O Parque Nacional de Bali Ocidental também tem vários trilhos interessantes para caminhadas, como o Trilho Sumber Klampok, que leva a um lago na floresta, ou o Trilho Segara Kembar, que leva a uma praia de areia branca. Com a sua beleza natural e biodiversidade intocada, o Parque Nacional de Bali Ocidental é um destino turístico popular para os amantes da natureza e do ecoturismo em Bali.

Figura 1. Fotografia dos resultados do inquérito do programa de ecoturismo comunitário na aldeia de Blimbingsari, Jembrana Melaya, Bali

O Parque Nacional de Bali Ocidental situa-se a oeste de Bali e tem dado um contributo significativo para a indústria turística de Bali. Eis alguns dos seus importantes contributos: (1) Biodiversidade: O Parque Nacional de Bali Ocidental alberga mais de 160 espécies de aves e várias espécies raras, como o búfalo de Bali e o veado de Bali. A presença destas espécies atrai o interesse dos amantes da natureza e dos fotógrafos de aves, contribuindo assim para promover o turismo natural em Bali. (2) Turismo de natureza: O Parque Nacional de Bali Ocidental tem várias atracções naturais espectaculares, como a praia de Menjangan, com os seus belos recifes de coral, bem como excursões de mergulho e de snorkeling oferecidas por empresas turísticas organizadas localmente. Estas belas paisagens e actividades atraem muitos turistas. (3) Actividades turísticas: O Parque Nacional de Bali Ocidental também oferece várias actividades turísticas, como caminhadas, passeios pela floresta tropical e trilhos panorâmicos. Estas actividades atraem turistas que procuram aventura e recreação ao ar livre e contribuem para a indústria do turismo de Bali. (4) Educação ambiental: O Parque Nacional de Bali Ocidental também dá um contributo importante para a educação ambiental e a sensibilização para a biodiversidade e a sua proteção. Este programa educativo ajuda a educar os visitantes para a proteção do ambiente natural de Bali e incentiva-os a serem responsáveis em relação à natureza. (5) Desenvolvimento económico local: Com o desenvolvimento do turismo no Parque Nacional de Bali Ocidental, as oportunidades de emprego para a comunidade envolvente continuam a aumentar. Os habitantes locais podem tornar-se guias turísticos, guardas florestais ou trabalhadores de outras indústrias relacionadas com o turismo, contribuindo assim para o crescimento económico local.

Globalmente, o Parque Nacional de Bali Ocidental contribuiu significativamente para o desenvolvimento do turismo em Bali através dos seus ricos recursos naturais, das actividades turísticas que oferece e da educação ambiental que proporciona. Proporciona benefícios económicos às comunidades locais e ajuda a elevar a beleza e a singularidade de Bali a um nível global [49].

OBSERVAÇÕES SOBRE O PROGRAMA DE ECOTURISMO DO LAGO BUYAN TAMBLINGAN

O lago Buyan e o lago Tamblingan são dois lagos situados na aldeia de Pancasari, distrito de Sukasada, regência de Buleleng, Bali, Indonésia. Estes dois lagos são destinos turísticos populares em Bali. O Lago Buyan cobre uma área de aproximadamente 3,9 quilómetros quadrados, enquanto o Lago Tamblingan cobre uma área de aproximadamente 1,45 quilómetros quadrados. Os dois lagos ficam um ao lado do outro e estão ligados por um rio. As excursões a Buyan e ao lago Tamblingan são muito interessantes devido às suas belas paisagens naturais.

As águas calmas do lago e as aguarelas verdes fascinam os visitantes. Para além disso, este lago está rodeado por montanhas e florestas densas, criando um ambiente calmo e tranquilo. Os visitantes podem alugar um barco tradicional para navegar à volta do lago e apreciar as vistas do lago e das montanhas. Outras actividades que podem ser realizadas neste lago incluem a pesca, andar de bicicleta ou de mota, ou simplesmente relaxar enquanto se admira as belas vistas [5], [50].

A aldeia de Pancasari também oferece várias opções de alojamento, desde moradias de luxo a alojamentos simples para os turistas que queiram passar a noite junto ao lago. Além disso, há barracas de comida e restaurantes que oferecem menus locais e internacionais para os turistas que querem provar a cozinha típica balinesa. Portanto, se estiver de férias em Bali, não perca a oportunidade de visitar o lago Buyan e Tamblingan na aldeia de Pancasari[25],[24].

Figura 2. Fotografias dos resultados do inquérito do programa da área dos lagos Buyan e Tamblingan (observações de agosto de 2023, por I Gusti Bagus Rai Utama, et al)

O Lago Buyan e o Lago Tamblingan têm um papel muito importante no sector do turismo de Bali. Eis algumas das suas contribuições: (1) Beleza natural: O Lago Buyan e o Lago Tamblingan estão rodeados por florestas verdes de montanha, vistas encantadoras do lago e ar fresco. Isto torna-os uma atração natural atraente para os turistas que procuram uma experiência natural bonita e relaxante em Bali. (2) Actividades aquáticas: Ambos os lagos proporcionam também várias actividades aquáticas, como passeios de barco, natação e pesca. Os visitantes podem desfrutar destas actividades enquanto apreciam a beleza natural das margens dos lagos. (3) Ecossistema rico: O lago Buyan e o lago Tamblingan também têm um ecossistema rico com uma variedade de animais e plantas. O parque natural situado em redor do lago oferece trilhos para caminhadas e trekking, permitindo aos visitantes explorar a beleza natural e observar a vida selvagem, como macacos, aves e borboletas. (4) Apoio à economia local: O turismo em torno do lago Buyan e de Tamblingan também tem um impacto positivo na economia local. O grande número de turistas que se deslocam à zona abre oportunidades de negócio para os residentes locais, como os vendedores de produtos alimentares, os empresários de desportos

47

aquáticos e os fornecedores de alojamento. (5) Educação ambiental: O lago Buyan e o lago Tamblingan desempenham também um papel importante na educação ambiental dos turistas.

Nesta área, o Lago Buyan e o Lago Tamblingan fornecem informações e educação sobre a importância de proteger o ambiente e manter a beleza do lago. Com os seus diversos contributos, o Lago Buyan e o Lago Tamblingan tornaram-se destinos turísticos populares em Bali, trazendo benefícios económicos e sociais às comunidades locais e proporcionando experiências naturais inesquecíveis aos turistas. Estas conclusões são semelhantes às de estudos anteriores [25], [24].

OBSERVAÇÃO SOBRE O PROGRAMA DA ZONA DO GEOPARQUE DE BATUR

O Geoparque de Kintamani Bangli é uma área situada na regência de Bangli, em Bali, na Indonésia. Esta zona é conhecida como um dos geoparques da Indonésia, que possui uma beleza natural e recursos geológicos únicos. O Geoparque de Kintamani Bangli é famoso pelo vulcão ativo Batur e pelo lago Batur no sopé da montanha. Além disso, existem muitas atracções turísticas nesta área, como o Jardim do Crisântemo, o Jardim das Ervas e a Cascata Tukad Bangkung. Toda a área do Geoparque Kintamani Bangli tem belas paisagens naturais e é uma atração para os turistas que querem apreciar a beleza natural e compreender as riquezas geológicas encontradas na área [26], [27], [29].

O Geoparque Batur Kintamani é uma das novas atracções turísticas de Bali. Este museu exibe várias colecções relacionadas com a história da geologia, arqueologia e cultura de Kintamani Bangli. Os visitantes podem ver vários artefactos, fósseis e rochas vulcânicas, bem como informações sobre a singularidade e a beleza da geologia em torno de Kintamani Bangli. Além disso, este museu também exibe vários objectos culturais e da vida da comunidade local, tais como vestuário tradicional e equipamento tradicional, bem como informações sobre as crenças e actividades da comunidade local. O Museu do Geoparque de Kintamani Bangli é um local ideal para quem quer saber mais sobre a história e a cultura de Kintamani Bangli e apreciar a beleza natural apresentada na coleção do museu [26],[27], [29].

Figura 3. Fotografias dos resultados do inquérito do Programa de Ecoturismo do Lago Batur Kintamani, (Observações de outubro de 2023, por I Gusti Bagus Rai Utama, et al).

O Geoparque Kintamani Bangli deu um contributo importante para o turismo de Bali nos seguintes domínios (1) Beleza natural: A zona do Geoparque Kintamani Bangli é famosa pela sua extraordinária beleza natural. As encostas do Monte Batur, o Lago Batur e o Monte Abang são as principais atracções para os turistas nacionais e estrangeiros. Esta beleza natural proporciona uma experiência única e interessante aos visitantes. (2) Turismo de aventura: A área do Geoparque Kintamani Bangli oferece várias actividades de aventura, como caminhadas, escalada de vulcões, ciclismo e natação no Lago Batur.

Esta atividade atrai turistas que procuram aventura e experiências desafiantes. (3) Cultura e história: A área do Geoparque Kintamani Bangli também possui ricos valores culturais e históricos. Esta zona está rodeada de templos hindus centenários, como o Templo Ulun Danu Batur e o Templo Puncak Tulis. Os visitantes podem admirar a bela arquitetura e realizar rituais religiosos únicos. (4) Melhoria da economia local: O turismo no Geoparque Kintamani Bangli tem um impacto positivo na economia local. Os residentes locais têm a oportunidade de abrir empresas de turismo, tais como alojamento, restaurantes, bancas e lojas de recordações. Isto ajuda a aumentar o rendimento e a recuperação económica das comunidades locais. (5) Educação e conservação da natureza: O Geoparque Kintamani Bangli também desempenha um papel importante na educação e na conservação da natureza. A investigação e os conhecimentos sobre a geologia, a flora, a fauna e os ecossistemas da região podem ser divulgados às comunidades locais e aos visitantes através de programas de educação e ensino. Além disso, esta zona também sensibiliza para a importância da conservação da natureza e da proteção do ambiente. Globalmente, o Geoparque Kintamani Bangli contribuiu significativamente para o turismo de Bali através da beleza natural, das actividades de aventura, do património cultural e histórico, bem como dos benefícios económicos e educativos [26], [27], [29].

OBSERVAÇÃO SOBRE O PROGRAMA "BALI MANGROVE

O Bali Mangrove Eco Tour em Denpasar é uma atração turística natural que oferece a experiência de visitar uma vasta floresta de mangue com várias actividades e atracções interessantes. Os visitantes podem explorar a floresta de mangue num barco tradicional chamado jukung ou caminhar numa ponte de madeira que atravessa a floresta. Além disso, os turistas também podem fazer várias actividades, como pescar, andar de bicicleta ou lançar papagaios [32], [30], [51].

Ao passar por ele, os visitantes podem desfrutar de belas vistas e apreciar a atmosfera natural calma. O Bali Mangrove Eco Tours também oferece educação sobre a importância de proteger as florestas de mangue e os ecossistemas biológicos dentro delas. Este local é adequado para todas as idades e pode ser um destino familiar divertido. Há também várias instalações, como casas de banho, restaurantes e estacionamento. O ecoturismo nos mangais de Denpasar, em Bali, é um dos melhores sítios em Bali para observar a vida nos mangais e apreciar a beleza natural da ilha [32], [30], [51].

Figura 4. Fotos dos resultados do levantamento do Programa da Área de Ecoturismo dos Manguezais de Bali.

Com o rápido desenvolvimento da indústria turística de Bali como um destino turístico ultramarino baseado num modelo de turismo de massas baseado em atracções, beleza natural e artes e cultura, começam a surgir paradigmas e desejos do mercado turístico baseados em conceitos ambientais e de lucro. . O turismo natural é também designado por turismo alternativo (ecoturismo) na terminologia turística. A Zona de Ecoturismo dos Mangues de Bali contribuiu significativamente para o turismo de Bali das seguintes formas: (1) Aumento do ecoturismo: A Zona de Ecoturismo dos Mangais de Bali proporciona uma experiência turística única, mantendo a autenticidade do ecossistema dos mangais. Os visitantes podem explorar o mangal em barcos de madeira tradicionais ou em pontes de madeira que atravessam a água. Os visitantes podem testemunhar a biodiversidade e a beleza natural dos mangais e compreender as suas funções ecológicas. (2) Educação e consciencialização ambiental: A zona de ecoturismo dos mangais de Bali tem um centro educativo que fornece informações sobre o ecossistema dos mangais e os problemas ambientais que enfrenta. Este programa educativo tem como objetivo aumentar a consciência ambiental das comunidades locais e dos turistas sobre a importância da conservação dos mangais e da natureza. Desta forma, os visitantes podem ficar a saber mais sobre os esforços de conservação dos mangais levados a cabo em Bali. (3) Proteção dos mangais: A zona de ecoturismo dos mangais de Bali tem um papel importante na proteção do ecossistema dos mangais de Bali. Esta proteção inclui programas de reflorestação de mangais, restauração de ecossistemas danificados e monitorização de ameaças aos mangais, como o abate ilegal de árvores e a poluição. Este esforço de conservação ajuda a manter o equilíbrio do ecossistema dos mangais e protege a flora e a fauna que nele vivem. (4) Capacitação das comunidades locais: A Zona de Ecoturismo dos Mangais de Bali oferece oportunidades às comunidades locais para participarem nas actividades turísticas [32], [30], [51].

Podem tornar-se guias turísticos, gestores de barcos ou carpinteiros, construindo instalações e infra-estruturas na zona. O rendimento do turismo também traz benefícios económicos às comunidades locais, melhorando o seu bem-estar e ajudando a reduzir a pressão sobre os ecossistemas dos mangais. De um modo geral, a Zona de Ecoturismo dos Mangues de Bali contribui positivamente para a indústria do turismo de Bali através da utilização sustentável dos recursos naturais, do desenvolvimento de programas de educação e sensibilização ambiental, dos esforços de conservação dos mangais e da capacitação das comunidades locais. Estas conclusões são semelhantes às de investigadores anteriores [32], [30], [51].

OBSERVAÇÕES SOBRE O PROGRAMA "MANGROVE LEMBONGAN

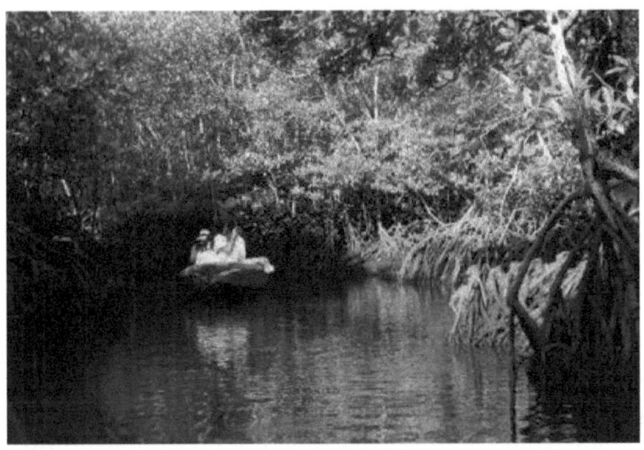

Lembongan Mangrove Ecotourism é uma atração turística natural situada na aldeia de Jungutbatu, Klungkung Nusa Lembongan, Bali. Este local proporciona experiências de exploração natural e educação sobre ecossistemas raros de mangais [34], [37], [36]. Os visitantes podem fazer um cruzeiro ao longo de rios repletos de mangais. As actividades aqui incluem navegar num barco tradicional balinês, caminhar numa ponte circular de madeira e ouvir um guia local explicar os benefícios da biodiversidade e do ecossistema dos mangais. O Lembongan Mangrove Eco-Tour também apresenta bonitas bancas de comida, permitindo aos visitantes apreciar o cenário natural enquanto provam as iguarias locais.

Figura 5. Fotografias dos resultados do inquérito do programa da área de ecoturismo dos mangais de Bali (Observação de junho de 2023, por I Gusti Bagus Rai Utama, et al)

O seu atrativo deve-se também à proximidade das belas praias da zona circundante, pelo que os turistas podem combinar a sua visita com banhos ou relaxamento na praia local [34], [37], [36].

Para além de ser uma atração turística, o ecoturismo nos mangais de Lembongan também desempenha um papel importante na preservação dos mangais da região. Realizam ativamente actividades de plantação de sementes de mangais, limpam o lixo e educam o público e os turistas sobre a importância de proteger o ecossistema dos mangais. Por conseguinte, o ecoturismo nos mangais de Lembongan Klungkung pode ser uma opção atraente para os turistas que se interessam pela natureza e querem saber mais sobre o ecossistema dos mangais [34], [37], [36].

A contribuição da zona ecoturística dos mangais de Klungkung, em Lembongan, para o sector turístico de Bali é a seguinte (1) Atrair Turistas A Área de Ecoturismo do Mangue de Klungkung em Lembongan é uma atração para os turistas que procuram experiências naturais e ecoturismo nesse local. Os visitantes podem admirar a beleza encantadora dos mangais, caminhar sobre pontes de madeira ou apanhar um barco para explorar o ecossistema dos mangais, que é rico em biodiversidade. (2) Educação ambiental: A Zona de Turismo Ecológico dos Mangues de Lembongan Klungkung tem também uma função de educação ambiental. Os visitantes podem aprender a importância da proteção dos mangais para manter a saúde dos ecossistemas marinhos e o equilíbrio de todo o ecossistema. Os visitantes podem aprender muito sobre a flora e a fauna da zona e sobre a forma de as proteger. (3) Aumentar a consciencialização para a conservação: Ao visitar esta zona de ecoturismo, os turistas podem ficar mais conscientes da importância da conservação da natureza. Podem ver em primeira mão os esforços de conservação levados a cabo pelos gestores e, em última análise, contribuir para a proteção e gestão do ambiente. (4) Criação de emprego: A zona de ecoturismo do mangal de Lembongan, em Klong Khong, também proporciona benefícios económicos à comunidade local. O desenvolvimento e a gestão da zona empregam residentes locais, incluindo guias turísticos, empregados de limpeza e comerciantes de lembranças. Isto ajuda a melhorar as suas vidas e a impulsionar a economia local. (5) Geração de rendimentos regionais: Com o aumento contínuo do número de turistas que visitam a zona de ecoturismo dos mangais de Klungkung em Lembongan, o rendimento regional aumentará. Os governos locais podem utilizar as receitas do sector do turismo para construir infra-estruturas, melhorar os serviços públicos e desenvolver outros sectores turísticos na região de Bali. Com todos estes contributos, a Zona de Ecoturismo dos Mangais de Klungkung Lembongan tornou-se um ativo valioso para a indústria turística de Bali e ajuda a promover Bali como um destino de ecoturismo natural sustentável. Os resultados deste estudo também são semelhantes aos de estudos anteriores [34], [37], [36].

RESULTADOS DO INQUÉRITO SOBRE A PARTICIPAÇÃO DA COMUNIDADE EM PROJECTOS DE ECOTURISMO EM BALI

Conclusões relativas à motivação, oportunidades, capacidades e esforços da comunidade na utilização das florestas. Concluiu-se que, se houver uma oportunidade de participar na gestão do ecoturismo, o entusiasmo da comunidade pelo ecoturismo aumentará, exigindo assim melhores competências de gestão do ecoturismo. Se estiverem motivados, se lhes for dada a oportunidade e se puderem participar, poderão criar pequenas oportunidades de negócio relacionadas com projectos de ecoturismo.

Ao proporcionar oportunidades de gestão, o rendimento da comunidade pode ser aumentado através da criação de pequenas empresas relacionadas com o potencial de ecoturismo, aumentando assim os incentivos para participar na gestão do ecoturismo. Neste caso, o governo pode fornecer à comunidade licenças de gestão limitadas e regras claras para que as florestas geridas como projectos de ecoturismo se mantenham sustentáveis. É necessário o envolvimento de entidades da Penta Helix, como as universidades, para educar a comunidade sobre a importância de proteger as florestas circundantes, de modo a que as pequenas empresas das comunidades que dependem das florestas possam também desenvolver-se de forma sustentável. O papel dos governos das aldeias e das comunidades em torno da floresta é igualmente importante, pelo que a sensibilização do público para a proteção das florestas deve continuar a aumentar [34], [37], [36].

Por exemplo, a motivação das pessoas envolvidas em projectos de ecoturismo. (1) Motivo para ganhar dinheiro, (2) Motivo para aumentar o conhecimento sobre conservação, (3) Motivo de otimismo em relação aos benefícios dos programas de ecoturismo para a comunidade, (4) Idealismo sobre a importância da conservação, (5) Independência local beneficia a comunidade, (6) governo e líderes comunitários motivando as comunidades locais, (7) promessas de proporcionar rendimentos para a comunidade, (8) compromisso da comunidade local, e (9) preocupações da comunidade local sobre a interferência externa.

As oportunidades que as comunidades locais esperam obter através do programa de ecoturismo são a oportunidade de tirar partido da beleza natural existente e a oportunidade de os turistas virem como uma oportunidade de gestão do ecoturismo que tem um enorme potencial. No entanto, a disponibilidade de instalações, o aumento da sensibilização do público, a formação completa em ecoturismo e a disponibilidade de infra-estruturas ainda requerem o envolvimento de outras partes, como o governo e terceiros que se espera que estejam envolvidos em projectos de ecoturismo na sua área.

Capacidade de gestão do ecoturismo Um programa forte é o compromisso das comunidades locais para aumentar a capacidade de gestão do ecoturismo. No entanto, alguns dos pontos fracos que exigem que as comunidades locais se envolvam mais nos projectos de ecoturismo são a disponibilidade de recursos orçamentais, a disponibilidade de pessoal qualificado ou de apoio, o apoio do governo local, a disponibilidade de líderes para gerir e motivar os projectos de ecoturismo, o apoio dos jovens e da comunidade. . mulheres, e a necessidade de colaborar com prestadores de serviços turísticos, tais como agentes de viagens, para atrair turistas para o ecoturismo.

As oportunidades de negócio decorrentes do envolvimento da comunidade na gestão do ecoturismo dependem do potencial da área e do tipo de ecoturismo em si. Os projectos de gestão do ecoturismo em Bali incluem o turismo de caminhadas, os produtos florestais, as culturas intercalares e o artesanato.

FACTORES-CHAVE DO ENVOLVIMENTO DA COMUNIDADE DA ALDEIA NA GESTÃO DO ECOTURISMO EM BALI

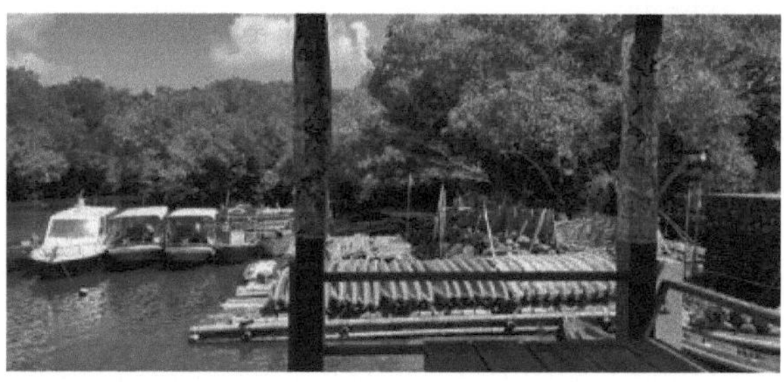

As caraterísticas dos inquiridos que participaram no inquérito sobre o fator de participação da comunidade no Programa de Ecoturismo de Bali incluíam 250 pessoas distribuídas por 5 locais de investigação, nomeadamente 50 comunidades de aldeias que fazem fronteira com o Parque Nacional de Bali Ocidental, 50 comunidades locais nas áreas de Buyan e Tamblingan e 50 comunidades da aldeia de Denpasar. A cidade, 50 residentes das aldeias de Jungutbatu e Lembongan, bem como 50 comunidades na zona a jusante do Lago Batur, estão diretamente envolvidas no projeto Bali Mangrove.

Como se pode ver nos resultados do inquérito na Figura 6 acima, a tendência da participação da comunidade local na gestão do ecoturismo em Bali pode ser explicada da seguinte forma:

1) Se a comunidade tiver a oportunidade de participar na gestão do ecoturismo, a sua participação aumentará, pelo que serão necessárias melhores competências de gestão do ecoturismo. Se estiverem motivados, tiverem a oportunidade e forem capazes de participar, poderão criar pequenas oportunidades de negócio relacionadas com projectos de ecoturismo.

2) Ao proporcionar oportunidades de gestão, o rendimento da comunidade pode ser aumentado através da criação de pequenas empresas relacionadas com o potencial de ecoturismo, aumentando assim os incentivos para participar na gestão do ecoturismo. Neste caso, o governo pode fornecer licenças de gestão limitadas e regras claras à comunidade para que as florestas geridas como projectos de ecoturismo se mantenham sustentáveis.

3) É necessário o envolvimento das partes interessadas, como as universidades, para educar a comunidade sobre a importância de proteger as florestas circundantes, de modo a que as pequenas empresas das comunidades que dependem das florestas possam também desenvolver-se de forma sustentável. O papel dos governos das aldeias e das comunidades em torno da floresta é igualmente importante, pelo que a sensibilização do público para a proteção das florestas deve continuar a aumentar [29].

4) A motivação da comunidade para participar em projectos de ecoturismo é determinada através dos seguintes indicadores: (1) motivação para ganhar dinheiro, (2) motivação para adquirir conhecimentos sobre conservação e (3) motivação para que os projectos de ecoturismo tragam benefícios para a comunidade. comunidade, (4) idealismo sobre a importância da conservação, (5) independência da comunidade local, (6) incentivos do governo e dos líderes da comunidade, (7) empenho em gerar rendimentos para a comunidade, (8) empenho da comunidade local e (9) preocupações da comunidade com o governo local contra a interferência de entidades externas [25].

5) As oportunidades para as comunidades locais através de programas de ecoturismo são oportunidades de utilizar a beleza natural como atração turística e oportunidades para os turistas virem comprar pacotes turísticos ou produtos produzidos pelas comunidades locais. No entanto, a disponibilidade de instalações, o aumento da sensibilização do público, a formação completa em ecoturismo e a disponibilidade de infra-estruturas exigem ainda o envolvimento de outras partes, como o governo e terceiros, que se espera que participem em projectos de ecoturismo na sua área [25].

6) A capacidade de gerir um programa de ecoturismo forte é um compromisso das comunidades locais para melhorar as capacidades de gestão do ecoturismo. No entanto, alguns dos pontos fracos que exigem um maior envolvimento das comunidades locais nos projectos de ecoturismo são a falta de recursos orçamentais, a falta de pessoal qualificado ou de apoio, a falta de apoio do governo local, a falta de líderes para gerir e motivar os projectos de ecoturismo, a falta de apoio dos jovens e o apoio da comunidade. Público. mulheres, e a necessidade de colaborar com os prestadores de serviços turísticos para permitir que os turistas desfrutem do ecoturismo [26].

7) As oportunidades comerciais (de negócio) criadas pelo envolvimento da comunidade na gestão do ecoturismo dependem do

potencial da zona e do tipo de ecoturismo em si. Os projectos de gestão do ecoturismo em Bali incluem empresas de turismo de caminhadas, produtos florestais, culturas intercalares e artesanato, etc. [25].

Utilizando a análise fatorial, os resultados do teste de adequação mostram "calcular a percentagem residual entre as correlações observadas e reproduzidas". Registaram-se 123 (37,0%) resíduos não redundantes com valores absolutos superiores a 0,05. Isto significa que a exatidão (bondade do ajuste) do modelo é conhecida e aceitável e que, a um nível de significância de 0,05, a exatidão do modelo é de 63%. Estatisticamente, a um nível de significância de 0,05, a fiabilidade dos factores do modelo é de 63%. Os resultados da análise fatorial são os seguintes

1) O primeiro fator é o papel do líder e as oportunidades de negócio. Este fator é o fator que tem maior influência, nomeadamente o papel do líder e as oportunidades de negócio com um valor próprio de 20,425 e uma variância total de 5,311. Os factores papel do líder e oportunidades de negócio são constituídos por 5 variáveis, nomeadamente: papel do líder (0,51), negócio do turismo (0,82), produtos florestais (0,75), produtos agrícolas/pesca (0,76) e artesanato (0,74)
2) O segundo fator é o fator mentalidade e cooperação industrial. Este fator é o segundo fator de influência, nomeadamente o fator mentalidade e cooperação industrial, com um valor próprio de 9,638. A variância total é de 2.506. O fator mentalidade e cooperação industrial é composto por 5 variáveis, incluindo a mentalidade (0,54), os turistas (0,51), a absorção de mão de obra (0,47), o papel dos jovens e das mulheres (0,70) e a cooperação (0,61).
3) O terceiro fator é o rendimento, a socialização e o empenho. Este fator é o terceiro fator de influência, nomeadamente o rendimento, a socialização e o empenho, com um valor próprio de 9,638. A variância total é de 2.506. Os factores rendimento, socialização e empenho são compostos por 3 variáveis, nomeadamente socialização (0,76), rendimento (0,82) e empenho (0,68).
4) O quarto fator é o fator de sensibilização para a proteção da natureza. Este fator é o quarto fator de influência, nomeadamente o fator de sensibilização para a conservação da natureza, com um valor próprio de 5,732 e uma variância total de 1,490. O fator de sensibilização

para a conservação da natureza é composto por 3 variáveis, incluindo (0,76), sensibilização para a natureza (0,46) e infra-estruturas (0,62).

5) O quinto fator é o fator de otimismo na obtenção de dinheiro e de conhecimentos. Este fator é o quinto fator de influência, nomeadamente o fator de otimismo na obtenção de dinheiro e de conhecimentos, com um valor próprio de 5,391 e uma variância total de 1,402. O fator otimismo na obtenção de dinheiro e conhecimento tem 3 variáveis, nomeadamente as variáveis dinheiro (0,81), conhecimento (0,74) e otimismo (0,61).

6) O sexto fator é o fator facilidade e independência. Este fator é o sexto fator de influência, nomeadamente os factores facilidade e independência, com um valor próprio de 5,092 e uma variância total de 1,324. Os factores facilidade e independência são compostos por 2 variáveis, nomeadamente independência (0,58) e facilidade (0,73).

7) O sétimo fator é o fator formação, interesse e participação. Este fator é um fator que influencia os sete factores, nomeadamente os factores formação, interesse e participação, com um valor próprio de 4,350 e uma variância total de 1,131. O fator Formação, Interesse e Envolvimento é constituído por 3 variáveis, incluindo o Interesse (0,74), a Formação (0,60) e o Envolvimento (0,43).

8) O oitavo fator é o fator "competências e capital". Este fator é o oitavo fator influente, nomeadamente os factores competências e dinheiro, com um valor próprio de 4,048 e uma variância total de 1,052. O fator Competências e Dinheiro é constituído por 2 variáveis, incluindo Dinheiro (0,71) e Competências (0,75).

REFERÊNCIAS

[1] D. I. Utama e C. P. Trimurti, "A Implementação do Método MOA no Ecoturismo de Buyan-Tamblingan, Bali, Indonésia," I. Gusti Bagus Rai Utama, Christimulia Purnama Trimurti. (2021). Implementar. Método MOA Ecoturismo Buyan-Tamblingan, Bali, Indonésia. Int. J. Mod. Agric., vol. 10, no. 01, pp. 957-970, 2021.

[2] I. W. G. Suacana, I. N. Wiratmaja, e I. W. Sudana, "ESTRATÉGIA PARA O DESENVOLVIMENTO DE UMA POLÍTICA DE ECO-TURISMO BASEADA NA SABEDORIA LOCAL DAS COMUNIDADES INDÍGENAS EM UBUD BALI INDONÉSIA," J. Posit. Psychol. Wellbeing, vol. 6, no. 1, pp. 2608-2618, 2022.

[3] I. W. G. Suacana, I. N. Wiratmaja, and I. W. Sudana, "Ecotourism-Based Model Development Strategy Local Wisdom of Indigenous People in Ubud Bali Indonesia," Migr. Lett., vol. 20, no. 6, pp. 325-335, 2023.

[4] I. G. B. R. Utama e I. W. R. Junaedi, Agrowisata Sebagai Pariwisata Alternatif Indonesia: Solusi Masif Pengentasan Kemiskinan. Deepublish, 2015.

[5] M. R. González-Herrera e S. Giralt-Escobar, "Ecotourism and theories of learning/education", em Routledge Handbook of Ecotourism, Routledge, 2021, pp. 291-305.

[6] I. G. B. R. Utama, I. N. Laba, I. W. R. Junaedi, N. P. D. Krismawintari, S. B. Turker, e J. Juliana, "Exploring key indicators of community involvement in ecotourism management," J. Environ. Manag. Tour., vol. 12, no. 3, 2021, doi: 10.14505/jemt.v12.3(51).20.

[7] R. Utama, "Destination Image of Bali Indonesia in the Perspective of Senior Foreign Tourists", SSRN Electron. J., 2015, doi: 10.2139/ssrn.2584289.

[8] I. G. B. R. Utama, C. P. Trimurti, N. M. D. Erfiani, N. P. D. Krismawintari, and D. Waruwu, "The Tourism Destination Determinant Quality Fator from Stakeholders Perspective," Indones. J. Tour. Leis., vol. 2, no. 2, 2021, doi: 10.36256/ijtl.v2i2.164.

[9] R. R. Sharma, "A competency model for management education for sustainability", Vision, vol. 21, no. 2. SaGe Publications Sage India: Nova Deli, Índia, pp. x-xv, 2017.

[10] I. Utama, "Strategi Menuju Pariwisata Bali yang Berkualitas (Strategy Towards Quality of Tourism Bali)," J. Kaijan Bali, vol. 3, no. 2, 2013.

[11] I. Utama e I. G. Bagus, "Pengembangan Eco-Tourism Untuk Konservasi Sumber Daya Alamiah di Negara Sedang Berkembang (Analisis Tourist Area Life Cycle, Index of Irritation, dan ...," Jurnal Program S. 2015.

[12] I. W. Wijayasa, N. W. Sumariadhi, e F. F. Hidayana, "Pelatihan Pemberdayaan Masyarakat Berbasis Pendampingan di Desa Besan, Kecamatan Dawan, Kabupaten Klungkung, Bali," WIDYABHAKTI J. Ilm. Pop., vol. 3, n.º 2, pp. 27-36, 2021.

[13] P. E. A. Putri, S. B. Turker, e P. S. E. Putra, "Strategi Pengembangan Ekowisata di Kawasan Taman Hutan Raya di Wilayah Kelompok Nelayan Segara Guna Batu Lumbang Denpasar," JAKADARA J. Ekon. BISNIS, DAN Hum., vol. 1, n.º 2, 2022.

[14] T. Muttaqin, R. H. Purwanto, and S. N. Rufiqo, "Kajian potensi dan strategi pengembangan ekowisata di cagar alam Pulau Sempu Kabupaten Malang provinsi Jawa timur," J. Gamma, vol. 6, no. 2, 2011.

[15] "Study on the Implementation of Community Based Tourism Principles in Jatiluwih, Tabanan, Bali," J. Kaji. Bali J. Bali Stud., outubro de 2019.

[16] A. Atahena and I. G. B. R. Utama, "Faktor-Faktor Yang Menentukan Wisatawan Berkunjung Ke Taman Nasional Komodo Di Kabupaten Manggarai Barat Nusa Tenggara Timur," J. Ekon. dan Pariwisata, vol. 10, no. 1, 2015.

[17] S. Y. Pratama, M. R. El Amady, e A. Hidir, "Ka Bakau: Ekowisata Mangrove Berbasis Pengetahuan Lokal," Indones. J. Tour. Leis, vol. 2, no. 2, pp. 117-129, 2021.

[18] A. Mahmud, A. Satria, e R. A. Kinseng, "Zonasi Konservasi untuk Siapa? Pengaturan Perairan Laut Taman Nasional Bali Barat," J. Ilmu Sos. dan Ilmu Polit., vol. 18, no. 3, pp. 237-251, 2015.

[19] N. M. Ernawati, "Pengaruh Pariwisata Terhadap Kehidupan Sosial Budaya Pesisir di Kawasan Taman Nasional Bali Barat dan Taman Wisata Pulau Menjangan," Sabda J. Kaji. Kebud., vol. 6, n.º 1, pp. 69-74, 2011.

[20] A. Mahmud, A. Satria, and R. A. Kinseng, Analisis sejarah dan pendekatan sentralisasi dalam pengelolaan Taman Nasional Bali Barat. Agência de Investigação, Desenvolvimento e Inovação Florestal, 2015.

[21] W. W. A. Dewi, W. R. Syauki, P. Yunita, and F. Rizky, "Model Komunikasi Pariwisata Taman Nasional Bali Barat Pada Era New Normal Berbasis E-Tourism," Ganaya J. Ilmu Sos. dan Hum., vol. 6, no. 4, pp. 895-908, 2023.

[22] D. Septiady, I. G. Hendrawan, e I. N. G. Putra, "Keanekaragaman Jenis Makroalga di Perairan Teluk Gilimanuk Bali," ULIL ALBAB J. Ilm. Multidisiplin, vol. 2, no. 10, pp. 4831-4843, 2023.

[23] I. G. B. R. UTAMA, I. N. LABA, I. W. R. JUNAEDI, N. P. D. KRISMAWINTARI, S. B. TURKER, and J. JULIANA, "Exploring Key Indicators of Community Involvement in Ecotourism Management," J. Environ. Manag. Tour., vol. 12, no. 3, 2021, doi: 10.14505//jemt.12.3(51).20.

[24] I. G. B. R. Utama e C. P. Trimurti, "Investigation of the image of buyan tamblingan area as tourist attraction destination," Int. J. Sci. Technol. Res., vol. 9, no. 3, 2020.

[25] I. Rai Utama e C. Trimurti, "Buyan Tamblingan Agro Tourism Ethical Planning in Forest Conservation Border Areas", 2020, doi: 10.4108/eai.14-3-2019.2291999.

[26] S. Sagala, A. Rosyidie, M. A. Sasongko, e M. M. Syahbid, "Who gets the benefits of geopark establishment? Um estudo da Área do Geoparque Batur, Província de Bali, Indonésia", em IOP Conference Series: Ciências da Terra e do Ambiente, 2018, vol. 158, n.º 1, p. 12034.

[27] A. Rosyidie, S. Sagala, M. M. Syahbid, e M. A. Sasongko, "A observação atual e os desafios do desenvolvimento do turismo na área do Geoparque Global de Batur, Província de Bali, Indonésia," in IOP Conference Series: Earth and Environmental Science, 2018, vol. 158, n.º 1, p. 12033.

[28] E. J. Mihardja, D. A. P. Sari, I. Widana, C. Ridhani e I. G. W. Suyasa, "Forest Bathing: A New Attraction and Disaster Mitigation for Batur UNESCO Global Geopark Bali", em IOP Conference Series: Earth and Environmental Science, 2021, vol. 940, no. 1, p. 12008.

[29] I. G. A. M. Dewi, I. G. A. E. Suwintari, K. R. Tunjungsari, I. M. T. Semara, e I. W. E. Mahendra, "PEMBERDAYAAN MASYARAKAT MELALUI PENGEMBANGAN PROMOSI DESTINASI PERHELATAN DI ANJUNGAN BATUR GEOPARK, BANGLI," Indones. J. Community Serv., vol. 1, no. 2, pp. 223-230, 2021.

[30] I. G. B. Rai Utama, "Tourism and Forestry Collaboration in Bali-Indonesia", E-Journal Tour, 1970, doi: 10.24922/eot.v2i2.19496.

[31] S. B. Turker, "O IMPACTO DOS RESÍDUOS PLÁSTICOS NA ÁREA COSTEIRA DE MANGROVE, A ÁREA DE SERVIÇO DO GRUPO FISHERMAN" SEGARA GUNA BATU LUMBANG", SUL DE DENPASAR BALI," in Seminar Nasional Aplikasi Iptek (SINAPTEK), 2023, vol. 5.

[32] R. Utama, "Aumentar o interesse do ensino florestal através da colaboração com o turismo", SSRN Electron. J., 2015, doi: 10.2139/ssrn.2614947.

[33] Y. I. Rahmila e M. A. R. Halim, "Desenvolvimento da floresta de mangue determinado para o ecoturismo na aldeia de Mangunharjo Semarang", em E3S Web of Conferences, 2018, vol. 73, p. 4010.

[34] I. K. Ginantra, A. A. K. Darmadi, I. B. M. Suaskara, and I. K. Muksin, "Keanekaragaman jenis mangrove pesisir Lembongan dalam menunjang kegiatan wisata mangrove tour," in Prosiding Seminar Nasional Pendidikan Biologi, 2018, pp. 249-255.

[35] C. C. Pricillia, H. Herdiansyah, e M. P. Patria, "Environmental conditions to support blue carbon storage in mangrove forest: A case study in the mangrove forest, Nusa Lembongan, Bali, Indonesia," Biodiversitas J. Biol. Divers, vol. 22, n.º 6, 2021.

[36] M. A. Pratiwi and N. M. Ernawati, "Analisis kualitas air dan kepadatan moluska pada kawasan ekosistem mangrove, Nusa Lembongan," J. Mar. Aquat. Sci., vol. 2, no. 2, pp. 67-72, 2016.

[37] I. K. GINANTRA, I. K. MUKSIN, M. JONI, and I. M. S. WIJAYA, "Diversity and distribution of crustaceans in the mangrove forest of Nusa Lembongan, Bali, Indonesia," Biodiversitas J. Biol. Divers, vol. 24, no. 8, 2023.

[38] A. Ilham e M. I. Marzuki, "Machine learning-based mangrove land classification on worldview-2 satellite image in nusa Lembongan Island," Int. J. Remote Sens. Earth Sci., vol. 14, no. 2, pp. 159-166, 2018.

[39] P. Andiny e S. Safuridar, "Peran Ekowisata Dalam Pengembangan Pariwisata Berbasis Masyarakat (Studi Kasus: Hutan Mangrove Kuala Langsa)", Niagawan, vol. 8, n.º 2, pp. 113-120, 2019.

[40] R. M. Manahampi, L. R. Rengkung, Y. P. I. Rori, and J. F. J. Timban, "Peranan ekowisata bagi kesejahteraan masyarakat bahoi kecamatan likupang barat," Agri-Sosioekonomi, vol. 11, no. 3A, pp. 1-18, 2015.

[41] M. Widjanarko and D. Wismar'ein, "Identifikasi sosial potensi ekowisata berbasis peran masyarakat lokal," J. Psikol. Undip, vol. 9, no. 1, 2011.

[42] N. P. Dyah Krismawintari e I. G. B. Rai Utama, "Kajian tentang Penerapan Community Based Tourism di Daya Tarik Wisata Jatiluwih, Tabanan, Bali," J. Kaji. Bali (Journal Bali Stud., vol. 9, n.º 2, p. 429, Out. 2019, doi: 10.24843/JKB.2019.v09.i02.p08.

[43] H. Hardyanti, I. Isdarmanto, and D. Damiasih, "Upaya Strategi Pemberdayaan Komunitas Lokal dalam Pengembangan Ekowisata Taman Nasional Komodo Kabupaten Manggarai Barat," ULIL ALBAB J. Ilm. Multidisiplin, vol. 2, n.º 7, pp. 2598-2614, 2023.

[44] H. AKMALIA IMBI FEBRIYANTI et al., "Komodo National Park as a conservation area for the komodo species (Varanus komodoensis) and sustainable tourism (ecotourism)," Komodo National. Komodo National Park as a Conserv. area komodo species (Varanus komodoensis) Sustain. Tour, vol. 5, no. 1, pp. 27-41, 2021.

[45] A. I. F. HIDYARKO et al., "Reviews: Komodo National Park as a conservation area for the komodo species (Varanus komodoensis) and sustainable tourism (ecotourism)," Int. J. Trop. Drylands, vol. 5, no. 1, 2021.

[46] I. G. B. R. Utama e C. P. Trimurti, Etika Pengembangan Agrowisata Pada Kawasan Perbatasan Hutan Konservasi. Deepublish, 2020.

[47] R. Hidayat, "Strategi Pengembangan Ekowisata berbasis Taman Bunga Pada Taman Bunga Nusantara Bogor," Agrika, vol. 11, no. 1, 2017.

[48] I. N. S. Arida, "Dinamika Ekowisata Tri Ning Tri Di Bali Problematika dan Strategi Pengembangan Tiga Tipe Ekowisata Bali," J. Kawistara, vol. 4, no. 2, 2015.

[49] D. A. Fennell, "Areas and needs in ecotourism research", in The encyclopedia of ecotourism, CABI Publishing Wallingford UK, 2001, pp. 639-653.

[50] U. Hasana, S. K. Swain, e B. George, "Management of ecological resources for sustainable tourism: A systematic review on community participation in ecotourism literature," Int. J. of, Manag. Ecol. Resour. Sustain. Tour. A Syst. Rev. Community Particip. Ecotourism Lit. (01 de janeiro de 2022). Hasana, U., Swain, SK, Georg. B, 2022.

[51] N. D. N. Utami, D. Susiloningtyas e T. Handayani, "Perceção da comunidade e participação do ecossistema de mangue no Parque Florestal Ngurah Rai em Bali, Indonésia", em IOP Conference Series: Earth and Environmental Science, 2018, vol. 145, no. 1, p. 12147.

[52] P. Ho e A. To, "Cultural Events as Tourism Products - Opportunities and Challenges", Glob. Events Congr. IV Festivals Events Res. State Art, pp. 1-16, 2010.

[53] N. Abd Aziz e A. A. Ariffin, "Identifying the Relationship between Travel Motivation and Lifestyles among Malaysian Pleasure Tourists and Its Marketing Implications", Int. J. Mark. Stud., vol. 1, no. 2, pp. 96-106, 2009, doi: 10.5539/ijms.v1n2p96.

[54] J. LePree, "Certifying sustainability: The efficacy of Costa Rica's certification for sustainable tourism", Florida Atl. Comp. Stud. J., vol. 11, no. 2008-2009, pp. 57-78, 2009.

RECONHECIMENTO

Esta investigação foi financiada pelo Ministério da Educação e Cultura, Investigação e Tecnologia, e Ensino Superior da República da Indonésia no ano orçamental de 2024. Gostaríamos de agradecer ao Ministério da Educação e Cultura, Investigação e Tecnologia e Ensino Superior da República da Indonésia por nos ter concedido fundos para a publicação de um livro intitulado "Teoria e Prática da Participação da Comunidade Local na Gestão do Ecoturismo".

BIOGRAFIAS DE AUTORES

 **I Gusti Bagus Rai Utama** é Professor Catedrático no Departamento de Gestão de Empresas Turísticas, Faculdade de Gestão, Turismo, Educação e Humanidades, Universidade Dhyana Pura, Bali, Indonésia. Tem um doutoramento em Estudos de Turismo, um mestrado em Gestão de Agronegócios da Universidade de Udayana, um mestrado em Estudos de Lazer e Turismo da Universidade Profissional CHN Leeuwarden (atualmente NHL Stenden) e uma licenciatura em Economia do Desenvolvimento da Universidade Mahasaraswati, Bali. A sua investigação centra-se no turismo económico, no agroturismo, na gestão de destinos e no turismo sénior.

 **I Wayan Ruspendi Junaedi** é Professor Associado de Turismo na Faculdade de Gestão, Turismo, Educação e Humanidade, Universidade Dhyana Pura, Bali, Indonésia.

 **Ni Putu Dyah Krismawintari** é Professor Assistente de Turismo na Faculdade de Gestão, Turismo, Educação e Humanidade, Universidade Dhyana Pura, Bali, Indonésia.

yes **I want** morebooks!

Buy your books fast and straightforward online - at one of world's fastest growing online book stores! Environmentally sound due to Print-on-Demand technologies.

Buy your books online at
www.morebooks.shop

Compre os seus livros mais rápido e diretamente na internet, em uma das livrarias on-line com o maior crescimento no mundo! Produção que protege o meio ambiente através das tecnologias de impressão sob demanda.

Compre os seus livros on-line em
www.morebooks.shop

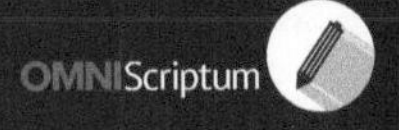